NTT法廃止で日本は滅ぶ

ITビジネスアナリスト
深田萌絵
Moe Fukada

かや書房

まえがき

NTT法廃止で日本は滅ぶ

2025年にNTT法を廃止するというNTT法改正に関する自民党案が2024年に国会へ提出される。いまのところ反対勢力はいない。

「日本を滅ぼす気か？」

と筆者は驚いた。

NTT法を廃止すれば、政府保有のNTT株式と通信インフラのいずれかは外資に売却される。そうすれば、日本中に張り巡らされた通信インフラを私たちは失うことになる。それが意味するところは、NTTの通信インフラを借りて電話サービスを行っているKDDI、楽天、ソフトバンクその他の通信事業者が倒産しかねない未来が待っているということ。ＮＴＴの通信インフラを手にした外資は独占的地位を濫用し、競合を潰したのちに電話代が2倍、3倍へと高騰するリスクがあるのだ。

それだけではない、通信を失うということは「国家として滅ぶ」ことを意味する。

通信インフラは、日本最大の防衛インフラだ。

敵国が攻めてきた時に最初に狙われるのは、弱い民間人だ。

通信インフラが敵国の手に渡れば、被害通報の為にスマホで助けを求めようにも、どこにもつながらない事態も想定できる。

それどころか、東京都の都心地下に、固定回線を通すトンネルが建築され、それは日本最大の防空壕を兼ねている。

それが外資の手に渡れば、日本人の逃げ場はなくなる。それどころか、その地下道からテロなどを仕掛けられれば、日本の都市機能は完全に終わる。

筆者自身は技術者ではないものの、以前、自動車メーカーの自動運転用通信ソリューション研究開発に携わり、通信インフラから技術革新がない限り自動運転の未来は無理だと承知した。そこから通信関係の書籍を出版し、日本の大手通信事業者のＣＥＯに対するコンサルタントという仕事を頂いた。現在は、連邦通信委員会のＴＡＣメンバーと次世代通信の研究を社として行っており、通信の世界とは無縁ではない。

私たちが日々気軽に使っている電話という通信技術は軍事技術の一環として開発されてきた。通信技術は、政府の日常業務から軍事の作戦伝達のみにとどまらず、公開情報収集（ＯＳＩＮＴ）から通信傍受工作（ＳＩＧＩＮＴ）などの諜報活動にまで活用されており、国家安全保障の根幹にかかわるものである。

その通信インフラを失うことが、国家としてどれだけ危険なことか、そのインフラ構築に国民からどれだけの資金をだまし取ってきたのか。それを外資に売り飛ばすために現在の政治家がどれだけウソをついているのかを皆様と共有したい。

最後に、私たちが「電話加入権」として払った資金で築き上げられた通信インフラを取り戻す方法についても、提案をさせていただきたい。

裏金議員に翻弄され、奪われた三十年間を過ごした国民として、通信インフラの利権化を看過していくことはできず、読者の皆様とともに国民資産である通信インフラを守っていけることを希望している。

深田萌絵

ＮＴＴ法廃止で日本は滅ぶ

目次

著者撮影●和田英士
装　　丁●冨田晃司

第一章

NTTを失えば日本は終わる

自民党の危険な錬金術

驚くべきニュースが出た。

令和5年6月7日水曜日、自民党は当時の政調会長萩生田光一氏をトップとする「防衛関係費の財源検討に関する特命委員会」を開き、防衛費の増額に必要な財源の確保に関する提言案をとりまとめた。

その中身を見ると玉石混交で、安易な増税を回避するために必要な施策として評価できる側面もあれば、経済安全保障を脅かしかねない危うい錬金術も含まれていた。

政府が保有している発行済み株式の3分の1にあたるNTT株（五兆円相当

分）を売却して、その収入を防衛財源に充《あ》てるよう求めたことだ。ＮＴＴは日本全国に張り巡らされた通信インフラ網を持っているのに、それを売り飛ばすというのだから驚愕だ。

経済ジャーナリストの町田徹氏も、現代ビジネス2023年6月13日号で「自民党の危険な『錬金術』…政府保有の『ＮＴＴ株』を売却して、防衛費に充てることのヤバいリスク」という記事を寄稿し、「政府（財務大臣名義）が保有している発行済み株式の３分の１にあたるＮＴＴ（日本電信電話）株を売却して、その収入を防衛財源に充てるよう求めたことには、大きな違和感を抱かずにいられない。というのは、ＮＴＴ株の政府保有は、１９８５年の通信自由化の際に、電気通信を国営独占事業として営んできた電信電話公社を民間企業ＮＴＴに衣替えするにあたって、経済安全保障の観点から日本の通信サービスを外資の敵対的買収などから守るために講じた防衛策に他ならないからである。

今なお、その意義は薄れるどころか、むしろ増しているのに、これほど危うい安易な錬金術はないだろう。」と指摘している。

まったくもって町田氏のご指摘通りで、世界情勢が不安定な今こそ、日本は通信インフラを守っていかなければならない。

政府の廃止案に対して、NTT側は、「政府が突然全ての株式を手放すとNTTの株価が暴落するので、そこは配慮してもらいたい」と提言すると、政府側は「株価に配慮して何年かに分けて少しずつ手放すことにする」とコメントを行った。例えば、十年かけて売却すると年間5000億円分ずつの防衛財源の確保となるとのことだ。

たった5000億円のためにNTT株式を売却しないといけないほど日本政府には財源がないのかというと、それも疑わしい。日本はウクライナに対して、追加支援として6000億円の拠出を発表、半導体政策では日本企業に対しては雀の涙程度の金しか出さないが、中華企業に1・21兆円を寄贈。そして、中華カジノのために１兆円以上ものカネが大阪に注がれる。外国政府や外国企業に対しては寛容な国家である割には、日本のために何かするとなると「財源がないから増税しよう」という流れになるのが常だ。日本で震災が起こり、それを復旧するには復興税が課税される。「地震があったから助け合わなければならない」という国民感情に訴えて増税する割には、外国政府や外資企業に莫大な金を払う時には国会審議も増税もない。

防衛財源のための安易な増税を回避するためという政府の説明だが、それも違和感があった。その年の防衛財源として不足分は４３４３億円分の建設国債（赤字国債）を発行して賄っている。我が国の政調会長ともあろう人物が、防衛費の不足分は赤字国債の発行で賄うことができるのに、わざわざ日本最大の防衛インフラであるＮＴＴの通信インフラを二束三文で売るというのだ。

NTTは日本の防衛ライン

通信インフラは、国家最大の防衛インフラである。戦争は物理的な攻撃以前に、情報戦から始まるのは有史以来繰り返されてきたことだ。

これは、昨日今日始まったものではない。サイバー空間が、陸、海、空、宇宙に続く第五の戦場だというのは、もはや世界では常識だ。

現代社会においては、多くの攻撃はまずサイバー空間からやってくる。ハッキングによって、データを盗まれるのはまだマシなほうで、データを改ざんされたり、自分が仲間とチャットしたりしていると思っていたら実際は敵に繋がっていたなどは致命的である。

有事になれば、敵国がまず狙うのは電気、水道、通信インフラである。特に、通信インフラは狙われやすい。その理由は、敵が攻めてきた時に、一般市民はまず警察や政府に通報し、そうすると警察や警備隊が派遣されることになる。それを避けるために、敵軍が最初に通信インフラを攻撃するというのは戦争では起こりがちなことだ。ロシアのウクライナ侵攻で、たびたび通信インフラが攻撃されているのは、市民が政府に情報を流すのを止めるためである。

第五の戦場であるサイバー空間のインフラは、光ファイバーなどの通信網やデータセンターだ。これが破壊されると、国家としての機能は停止する。例えば、中央銀行や銀行はもはや札束を移動させない。コンピューター上でキーボードをたたくだけだ。仮にデータセンターが爆破されたり、通信網が遮断されたりすると、銀行機能は停止する。そうなれば、民間はおろか政府ですら何の支払いもできなくなり、政府機能まで停止することになるのだ。

だからこそ、アメリカには米国土安全保障省の外局機関として、ＣＩＳＡ（Cybersecurity and Infrastructure Security Agency＝サイバーセキュリティー&インフラセキュリティー庁)が設置されている。サイバーセキュリティと物理的なインフラセキュリティが同等に扱われているのだ。

それはもちろん、所詮、仮想空間というのは空中に存在するわけではなく、通信インフラとデータセンター上に仮想的に存在するので、そのインフラを潰されたら消滅する存在だからなのだ。そのため、サイバー空間を守るために、インフラまでも併せて守っているのだ。

無論、日本にも重要インフラのサイバーセキュリティを高める施策として、「重要インフラのサイバーセキュリティに関わる行動計画」というものがある。

そこで、国民生活及び社会経済活動の基盤であり、代替が著しく困難なサービスを提供する事業の機能が停止、低下又は利用不可能な状態に陥った場合に、わが国の国民生活又は社会経済活動に多大なる影響を及ぼすおそれが生じるインフラを「重要インフラ」と定義している。

そこには、重要インフラの障害対応体制、安全基準等の整備、情報共有体制の強化やリスクマネジメントの活用、防護基盤の強化などが含まれている。

この重要インフラに、「情報通信」、「金融」、「航空」、「空港」、「鉄道」、「電力」、「ガス」、「政府・行政サービス」、「医療」、「水道」、「物流」、「化学」、「クレジット」及び「石油」の14分野を特定している。

その国が指定した14分野の重要インフラを支えるコアとなるインフラが、ＮＴＴが保有する通信インフラ網だ。前記の情報通信、金融、政府行政、電力、鉄道など14分野全てのデータは、ＮＴＴが築いた通信インフラなくしては、どれ一つとして独立して機能しないわけである。

それが失われる、あるいは、破壊されれば国防はおろか、社会としての機能がほぼ停止するほどのインパクトがある。通信インフラを守るというのは、国防上でも重要な防衛ラインなわけである。

再構築不可能

ＮＴＴ株式を売却しても、インフラを失えば余計にお金がかかるだけで、防衛費はマイナスになるのは見えている。ＮＴＴと同じ通信インフラを再構築しようとすると、我が国は別途数十兆円の出費が必要となる。しかも、ＮＴＴはインフラを構築するのに80年近い年月をかけてきたわけで、人手不足で小規模事業者が倒産する時代に突入した日本に、大量の人を雇用してトンネルや管路を掘るということは無理なのだ。

現在価値にして40兆円規模の通信インフラを、たった5兆円の防衛インフラの為に売り飛ばすというのだから、正気の沙汰とは思えない。インフレ時代のいま、日本が通信インフラを失えば、再構築のための投資は40兆円では済まない。

しかも、日本は人手が不足しているので建設会社が入札に応じられないという事態も出てきているうえ、世界はパンデミックの影響足から回復しておらず、素材は高騰している。

おなじインフラ関連事業として、インフラ強化の建設が大変な状況にあるという視点で、送電網の事例を挙げる。

西日本と東日本で異なる周波数を使う電力供給網で、悲惨なことが起こっている。日本の送電網は、太平洋側に流れる富士川、日本海側に流れる糸魚川という川を境に、西は60ヘルツ、東は50ヘルツで分かれている。国の東西で周波数が異なるのは、国の安全保障を守る為に致し方がないことである。これは、東京の都市機能を破壊するのに東日本側の送電網が攻撃されても、西日本側が生き延びるために必要な設計で、逆もまた然りである。

NTTの送電網も同じで、通信上の統括局を破壊されると全ての通信機能が止まるので、通信網の親玉である統括局を西と東で分けている。

いま、日本は東日本側の原発再稼働が遅れており、真夏には電力不足で東側の工場を止めて持ち回りで稼働させなければならないという事態に陥っている。西側は原発が稼働しているため電力は余っているが、それを東側に送ろうとすると周波数が異なるために、周波数を変更する機材を間に入れなければならない。50ヘルツ、60ヘルツという二つの周波数を周波数変換設備によって相互融通しているが、いかんせん、変換できる電力量が限られており、すでにフル稼働状態である。そのため、西では電力が余り、東では電力が不足するという事態が猛暑や極寒の日に訪れるということが数年続いているため、日本は送電インフラの拡充に取り組んでいる。ところが、送電網の拡充自体も、中国が進める「グローバル・スーパーグリッド」と呼ばれる国際送電網建設で物資が爆買いされているため、日本は素材価格高騰の壁に直面し、建設がスムーズに進んでいないようだ。

日本は東日本大震災後から、東日本側の原発稼働を止めているために猛暑や厳寒のピーク時に電力がひっ迫し、節電対応のために富士川より東の工場は持ち回りで停止しなければならない。電力余剰の西から東へと電気を融通しようとしても、送電網から変圧器が既にフル稼働であるために増設しなければならないのに、部材の調達がままならない。価格が高騰しているうえに、中国が送電インフラ網を拡張するのに銅を爆買いして、日本が中国の購買力に負けている状態だ。

いまの日本の購買力からすると、送電網の増強すらままならない状態なので、通信網を失えば悲惨なことになるのは目に見えている。

そもそもＮＴＴ株の政府保有は、安全保障の為になされたものだ。１９８５年の電信自由化の際に、電気通信を国営独占事業として営んできた電信電話公社を民間企業ＮＴＴに衣替えするにあたって、安全保障の観点から日本の通信サービスを外資の敵対的買収などから守るために講じた防衛策に他ならない。

今、世界情勢が不安定ななかで、その意義は薄れるどころか増している。そんな事態のなかで、ＮＴＴ株売却による防衛費調達ほど危うく安易な錬金術はないだろう。

この国の防衛力を高めようという愛国政治家が、政府保有のＮＴＴ株の売却を計画に盛り込んで防衛インフラである通信インフラを売り飛ばすとは、どういった基準での判断なのかと言葉を失った。

半導体不足が経済安全保障問題を揺るがしたために、日本はその分野への投資を推進している最中である。半導体不足が発生した折に、経済安全保障上の問題として令和３年から５年にかけて特定半導体に１・７兆円を費やし、さらには最先端半導体製造予定のラピダスに合計５兆円規模の投資を決定した。

半導体が経済安全保障上問題を揺るがす背景には、半導体が通信インフラの必須部品であるためだ。アメリカのように半導体チップ法を新設せずに、５Ｇ通信促進法を改正して通信にまつわる半導体製造を増強したというのに、肝心の通信インフラを売却するというのは解《げ》せない。

通信インフラを失い、通信が途絶えたら、自衛隊がどんなに高価な防衛設備や最先端兵器を持っていても、それで終わりだ。

防衛庁には防衛情報通信基盤、通称ＤＩＩ（Defense Information Infrastructure）と呼ばれる独自の基盤的共通通信ネットワークがある。

これは、陸、海、空共通のインフラとして、統合幕僚幹部指揮通信システム部が装備を行い、自衛隊サイバー防衛隊が管理運営している。もともと、サイバー防衛隊は、自衛隊指揮通信システム隊だったのが、２０２２年に５４０人規模の自衛隊サイバー防衛隊として再編された部隊だ。

ＤＩＩに含まれる通信インフラは、衛星通信、地上マイクロ波通信、そしてＮＴＴのメタル回線及び光ファイバーの大きく三つから構成されている。

作戦系システムのインフラは「クローズド系」と呼ばれ、ＮＴＴのインフラを利用するものと独自のそれに分かれる。独自インフラは通信衛星と地上の通信タワーに分類される。通信タワーを利用するマイクロ波通信は、アンテナを装備した鉄塔が日本の太平洋沿いに設置されているが、主要な基地にのみつないでいる状態で、全ての基地や末端部隊までは網羅していない。そのうえ、マイクロ波の波長で届く距離が数十キロメートルと限定的であるために、鉄塔から鉄塔へとリレー形式で通信を行っている。その鉄塔の一部が破壊されたら通信は途切れるのだが、そういった事態をカバーするために、通信衛星のバックアップで冗長性を保っている。

その一方で、日常業務やロジスティクスなどは、NTTの通信インフラを利用しており、暗号化した作戦系通信もここを通っている。全体の利用量でいうと、圧倒的にこちらの方が多い。万が一、NTTの通信インフラが敵国の手に渡ってしまえば、全ての業務内容を衛星通信とマイクロ波だけでこなせるかといえば難しい。日常業務のデータトラフィック量のほうがはるかに多いので、回線速度からしても衛星通信やマイクロ波だけでこなすのは難しいだろう。

自衛隊だけではなく、普段の日常生活の中でも政府要人を含めて普段使っている通信回線はＮＴＴがベースとなっている。それは、楽天モバイルを使おうがＫＤＤＩを使おうが、通信事業者のインフラがＮＴＴのものだからである。それを外資に売ってしまったら、守れるものも守れない。通信企業を売って防衛費に充てようというのは、そもそも非論理的なのである。

よく誤解があるので言及するが、サイバー防衛隊は自衛隊の通信システムを守る部隊であって、国民や民間の通信インフラをサイバー攻撃から防護する役割はない。基本的に彼らの職務は、自衛隊の通信システムに限られている。

２９０キロメートル、日本最大の核シェルター

愛国保守政治家を標榜する萩生田元政調会長が、軍事予算を確保するため

に、日本政府が保有しているＮＴＴ株を売却すると言い出したが、ふたを開けてみると、結局将来的に増税はするし、ＮＴＴ株は売り飛ばすことになっている。ＮＴＴ法廃止は、日本最大の防衛インフラを失うという最悪な事態になる。

日本の通信インフラの約75％はＮＴＴが保有している。それを失えば残りの25％では絶対に国民の生活を支えることはできない。防衛省の日常業務通信すらままならない。ＮＴＴの通信インフラ上で流れているデータを外資に傍受されたら自衛隊が何をやっているのか、何をやろうとしているのか、どのような作戦なのかを解析されて、防衛が丸裸になってしまうのだ。

ＮＴＴが保有する通信インフラは戦前から築き上げられている。80年以上かけてつくられたもので、二度とつくることができないくらいその規模は巨大だ。

土地にして約17・３キロ平方メートル、局舎約７０００ビル、管路60万キロメートル、とう道（光ファイバー、メタル回線が通る管路をメンテナンスするために人が通れる道）が６５０キロメートルある。そして、電柱は約

１２００万本、光ファイバー１１０万本という、とんでもない規模だ。

そのうえ、日本の地下のとう道は世界最大であり、とう道には強力なセキュリティが掛かっており、限られた人がカードキーを何度も使って開錠し、指紋の生体認証をクリアしないと入れない。

日本全国６５０キロメートルあるとう道の約半分である２９０キロメートルが都内にあるのだが、実は、防空壕として使うことができるということはあまり知られていない。この地下通路は、ミサイルにも地震にも耐えることができ、ある種の核シェルターともいえる。天皇陛下や政府の要人が避難するため、有事には彼らの命を守る存在でもあるのだ。

萩生田議員は、我が国の国民を守るためのシェルターを外資に売ろうとし、高市早苗経済安全保障担当大臣は、それを止めようとすらしない。東京がまた、空襲に遭《あ》った時のために使えるはずの防空壕があっても、外資のものとなれば日本人が受け入れられるかどうかも分からない。逆に、このトンネルをテロに使われたら、都市機能から政府機能まで一瞬にして崩壊するのだ。

このことを総務省や政治家が知らないはずはない。ダイヤモンドオンラインでも、「戦時中は防空壕として利用。ミサイルも地震も耐える堅牢性」「ここまでの大きな『とう道』は日本にしかない」「迷宮のような光ケーブルが連なる空間」とも報じられている。これらを読めば、ＮＴＴの通信インフラが有事の際のシェルター機能を有しているということは、小学生でもわかる話だ。

このとう道は、電力会社と折半型のものもあり、半分はＮＴＴ、半分は東京電力が利用するというケースもある。先ほど、政府は重要インフラのサイバーセキュリティを強化する方針であることに触れたが、送電網も通信網とセットとして電力量のデータを守っているのだ。この送電網と通信網がセットであるとう道が、外資の手に渡れば、送電網テロも簡単に行えてしまう。内閣府においてサイバーセキュリティの向上に努めようとしても、全てが水泡に帰《き》するのだ。

政府内で隠ぺい工作

ＮＴＴ法が廃止されれば、どれほど危険なことが起こるのかを日本政府は理解しているのだろうかと気になり、各省庁に色々とヒアリングを行った。ＮＴＴのインフラが売却される危機にあることに気がついている官僚は、総務省以外ではほぼ皆無であった。そう、総務省は、ＮＴＴ法第十四条改正で通信インフラを国家から切り離して、私物化させるということを他の省庁とは共有していない様子なのだ。一部の総務省官僚は、この危険性に気がついているが、政治家の圧力に押さえつけられている。

内閣府の経済安全保障推進室も国家安全保障関連部署も、ＮＴＴ法廃止が与党幹部によって推進され、総務省がそのことを他の省庁に隠ぺいしていることにすら気がついていない。

ＮＴＴ株を売却する議員たちの暴走を止める前に、危機感を抱いている官僚はほとんどいないので、危険性を訴えるために政治家にレクチャーする人員がいないのだ。そのため、ＮＴＴ法廃止に反対する議員も殆どいないし、恐らく、議論の内容も知らないだろうし、自民党提言を隅々まで読んだ議員もあまりいないだろう。自民党は、今、すごい勢いでＮＴＴを外資系企業に売り飛ばす方向で動いており、私たち日本国民はＮＴＴのインフラを外資に取られて滅ぶ瀬戸際に立っている。

通信インフラを失った際に再構築できるサプライチェーンは保護されているか調べたが、経済安全保障関連法で守られているのは、一部の半導体や、半導体製造装置、半導体の素材やバッテリーとかクラウドなどで、通信に必要な半導体や光ファイバーに関しては全く力を入れていない。ＮＴＴの通信インフラが一切使えなくなれば、光ファイバーを増産してインフラを再度敷設し直すだけの製造能力が必要だという観点は、そこにはない。

政府は、ＴＳＭＣという台湾大手半導体企業一社に対しては、合計で１・2兆円も血税を注ぐ一方で、経済安保関連部署では特定物資11分野合計で１兆円以下の予算しか出ていない。これを11分野で割ると一分野あたり１０００億円も使えず、我が国の未来が守れるわけがないほど小さな額だ。戦後80年かけて築き上げたＮＴＴの通信インフラは25兆円の投資が行われたのだが、それと比較すると予算は全然足りないのである。通信インフラをまたゼロからつくるとなると、原材料や人件費、物流費の高騰からして倍以上の予算を必要とするので、話にならないくらいの予算しか割かれていない。

政府の経済安全保障関連部署では、ＮＴＴの通信インフラが外資の手に渡ってしまった時に、それを再構築するための手段はあるのかと聞いたら、想定してないという回答だった。そもそも、通信インフラが売り飛ばされたり、ＮＴＴそのものが乗っ取られたりするというリスクを全く考えていないので、通信インフラを失えば東日本大震災のときと同じく「想定外」の一言で済まされるだろう。

現在、日本政府が外資に1兆円以上注いで製造している半導体工場は、通信チップを製造するわけではない。そのため、NTTの通信インフラが外資に渡ってしまえば、そこで使われている半導体を製造する能力を増強するのに5年以上はかかり、その間に日本は情報後進国となって衰退するだろう。時代は、ICT（情報処理・情報通信に関する技術・産業・設備・サービス）なのだ。

それでは、NTTのインフラが失われた場合に、自衛隊は機能するのか。

防衛省の人間に、NTTの通信インフラを失ったらどうするのかということを聞くと、「国の決定なら仕方がない」、「そうはならないことを願う」、「マイクロ波と通信衛星でカバーするしかない」、となす術《すべ》がないという面持ちだった。

主力基地における命令系統の通信は途絶えないとしても、ロジスティクスなどの通常業務や末端部隊への通信は途絶えることになる。防衛省の通信インフラも調べてみたが、防衛省もほとんどのデータのトラフィック電話通話のやり取りは、ほぼＮＴＴの通信インフラを使っている。機密情報などは暗号化したデータを送っているので大丈夫だということになっているが、たとえ暗号化していても、通信インフラが外国に取られてしまえば、防衛省から出てきた暗号パケットであると判れば解読できなくても破壊することができてしまう。

利権を追う議員たちに、ＮＴＴの通信インフラの25兆円の隠し資産を私物化されると、どうなってしまうか分からない。ＮＴＴの通信インフラが乗っ取られてしまえば、防衛省は一応無線通信でやり取りはできるが、その通信システムが主要な基地にしかないので、それ以外のところでは通信が途絶えることになる。通信衛星もあるが、中国は通信衛生を破壊する兵器を保有しているので、ＮＴＴの通信インフラがなくなることは、経済安全保障などという生ぬるいレベルではなく、安全保障上アウトなのだ。

重要インフラのサイバーセキュリティに関する施策も同じレベルで、「官民一体でインフラのサイバーセキュリティを取り組んでいます」と言っているだけだ。サイバーセキュリティを司る関係部署もいろんな省庁の中に点在するのだが、十分だとは言えない。アメリカのように、サイバー・インフラ・セキュリティ庁という独立した庁を持っているわけではない。インフラに関連するサイバーセキュリティを司る部門のようなものはあるのだが、民間企業に「もっとサイバーセキュリティを上げてください」とお願いして回るくらいしかできない。

企業にとって基本的にサイバーセキュリティは、コストセンター（利益を生まない部門）であり、プロフィットセンター（利益を生む部門）ではないので、そこまで力を入れていられないという現実がある。大企業はすでに市場で独占的地位を築いているので、彼らのサービスがどんなに脆弱でもユーザーに選択肢がない。奈良市民は、近鉄電車に何が起きても近鉄電車に乗るしかない。東京では、東電の送電網を使わずには生きていけない。どんなに東電のセキュリティが気に入らないと言っても選択肢がないので、わざわざ莫大なコストをかけるインセンティブは小さいのである。政府が重要インフラに対するサイバーセキュリティを高める意識を持っているのなら、そこに予算を割かなければできないだろう。

危機感に駆られ、防衛省や内閣府にも色々話をして回ったが、そもそもＮＴＴの通信インフラが売却される危機にあることすらほとんど誰も知らないという現実には驚かされた。政権自体が、ＮＴＴの通信インフラを失えば、どのように対応するのかを全く考えていないのだから、我が国の安全保障など守れるわけがない。

各省庁がサイバーセキュリティを守ろうと言いながら、バラバラに狭い視野で物事を進めているので、その全てのデータが通るＮＴＴの通信インフラが無くなった時のことを想定していないのだ。無くなったらその時に考えるしかないという面持ちで、ＮＴＴの通信インフラが無くなれば全てのサイバーセキュリティ対策は無駄になるどころか、防衛インフラまで失うというリスクがいま一つ理解できていない様子だ。

総務省の現場は、ＮＴＴ法廃止の重大リスクについて最も理解している。ただし、２０１４年の公務員制度改革以降政治任用されたキャリア官僚が重要ポストについているので、彼らは大臣に逆らえば窓際に追いやられる。それを恐れて、幹部官僚は何も言わなくなり、狂った政権の暴走を止められるほどの胆力があるエリートはこの国からいなくなった。

第二章

40兆円を私物化

181社が指摘する「巨大資産」

政府要人が、通信事業やITビジネスの常識を知らない発言を重ね、経済安全保障上の問題を無視し、トンチンカンな話でNTT株売却によって通信インフラを売り飛ばそうとする狂気の沙汰に声を上げる業界人は少なくない。

2023年12月、総務省の通信政策特別委員会で、NTT法廃止に向けた議論がなされたのだが、楽天モバイル、ソフトバンク、KDDIを中心に181事業者が大々的に反対の声を上げるという異例中の異例の事態が起こったのだ。

それもそのはずで、そもそもNTTが我が物顔で使っている通信インフラは、一般的に「固定電話加入権」と呼ばれる権利を得るためのお金を国民から徴収して築いたものなのだ。彼らが指摘する通り、国民資金でつくりあげたインフラは「国民の共有資産」であるはずなのに、ＮＴＴはそれを「通信インフラはＮＴＴ社の株主のものであり、国民のものではない」とシラを切っているのだ。

通信事業者らの主張によると、その資産規模は土地約17・3キロ平方メートル、約7000棟に及ぶ局舎、約650キロメートルにわたるとう道、約60万キロメートルに及ぶ管路、約1190万本の電柱、光ファイバー網約110万キロメートルの規模に及び、設備投資総額で25兆円、現在価値にして40兆円もの価値を有している。

現在価値40兆円だからといって、40兆円投資すれば再構築できるのかというとそうではなく、人件費高騰や素材高騰のために40兆円をはるかに上回る投資が必要だというのは容易に想像できるだろう。

通信事業者が、ＮＴＴが保有するこれらのインフラを「特別な資産」と呼ぶのは、国家の信用力をバックに国民から資金を集める力がなければ構築できなかったはずという意味が含まれている。要は、失えば二度と構築できないだろうということだ。

普通に考えて私企業が「これから電話サービスを始めるので、設備投資資金を出してくれなければ電話番号をあげません」と顧客に話したら、「なぜ、あなたの会社の設備投資に金を出さなければならないのだ。貴方たちは民間企業なのだから、資金調達は債券を発行するか株を発行して調達しなさい」と言われるのがオチだ。

それが、「NTTの後ろには日本国家がいるから安心」という建付《たてつ》けになっていたからこそ、国民がこれらの施設設置負担金を支払った。NTT法において、NTTが保有する通信インフラ（電気通信幹線路及びこれに準ずる重要な電気通信設備）は、その第十四条においてその譲渡や担保に供することが制限されており、「国民の共有財産」であるということが法によって担保されているという安心感があったためである。

電話加入権を購入したつもりの国民や事業者にとって、NTTの通信インフラは「国民資産」という認識を持っている。ところがNTT側は、通信インフラは「株主の資産」と主張するので、それに対して通信事業者側が「清算もしていない企業の資産は株主のものではない」と反論したという次第だ。

国家という信用力、NTT法第十四条で担保されているからこそ安心して「固定電話加入権」に国民は金を払ってきた。それを今さら「通信インフラは株主のもの」とNTTが主張するのは筋が通らない。国家とグルになって国民から金を巻き上げたペテンだったのかと疑わざるを得ない。

NTTが保有する最大の隠し資産「通信インフラ」の権利がどこにあるのかで揉めている動きから見えてくるものがある。要は、NTT幹部と政治家と、NTTを買収しようとする企業が癒着して、「NTT保有の通信インフラは、株主のもの（本来は固定電話加入権者のもの）」と国民を騙して、通信インフラを私物化して私欲を貪《むさぼ》り尽くそうとしているというわけだ。

金銭債権か否か

そもそも「固定電話加入権」とは何か。

NTTによると、NTTは固定電話加入権という権利を単体で販売したことはないというポジションを取っている。固定電話オンリーの時代、ユーザーが電話番号を取得するには、まず「施設設置負担金」を支払い、それに付随する「固定電話加入権」が得られ、更にそのオマケで電話番号を取得できるという三重構造になっている。シンプルに「電話番号代金」とか「通信インフラ設備投資信託」にすればよかったはずだ。なぜ、総務省とNTTがここまで複雑な形で電話加入権の仕組みをつくったのかは、本当のところは語られていない。

この「固定電話加入権」自体が、非常に謎めいた存在だということを指摘しておきたい。

第一に、国民は「固定電話加入権」にお金を払ったわけではない。それは、あくまで「施設設置負担金」を支払ったオマケという建付けだ。固定電話加入権のオマケが電話番号である。NTTが匂わせている固定電話の番号の立ち位置は、「オマケのオマケ」なのである。NTTからすると、国民が払ったのは「施設設置負担金」であり、「固定電話加入権」ではないので、電話番号が要らなくなったから「固定電話加入権を解約したい」と言っても、「あなたがお金を払ったのは施設設置負担金、固定電話加入権というオマケを解約するのだから返金する義務がない」という建付けにして、施設設置負担金と固定電話加入権の関係を切り離すことにより、施設設置負担金の「返還義務」を回避しようとしているワケだ。しかもNTTは電話番号を売ったわけでもないので、有限の番号をユーザーから取り戻せば、また別のユーザーに「加入権」として売りつけられる腹黒い仕組みだ。

第二にNTTは、固定電話加入権は「非金銭債権」と言い切り、その財産価値を絶対に認めようともしないし、返金にも応じようとしない。固定電話加入権を販売するときには、国民に対し、「金銭的に価値がある」「権利が与えられる」かのような説明を行っていたという報告もあるので、NTTの対応は解せないものの泣き寝入りに追い込まれた国民は多いだろう。

過去を振り返ると、固定電話加入権は「金銭的価値」が存在し、「金銭債権」かのように取り扱われ、そこには「固定電話加入権の市場」も存在し、そこで固定電話加入権は値段が付いて売買されていた。ところがNTT側は、固定電話加入権は非金銭債権であり、「固定電話加入権の市場」は自分とは関係がないとしている。パチンコの三店方式と同じで、パチンコ屋は玉を出しただけ、景品屋は景品を出しただけ、換金屋は換金しただけなので、賭博法違反に該当しないという警察利権の抜け穴に似ている。国会答弁で、国会議員から三店方式の存在について指摘を受けると、警察は「三店方式の存在を警察は認識していない」と堂々とシラを切った。総務省とNTTは同じことをやっているのではないか。

NTTとしては固定電話の電話番号は売らないという建付けで、ユーザーに電話番号が欲しければ金を払えとし、固定電話加入権のオマケが電話番号だが固定電話加入権は売ってない、それは施設設置負担金のオマケ、オマケを売買する市場の存在は知らないという建付けだ。換金できる固定電話加入権が「財産価値を有しない」という主張を通すために、総務省が郵政時代から電電公社と組んで、政府信用力が後ろ盾についた電電公社の「固定電話加入権」という政府保証の金銭債権を思わせるかのような名前を付けて、別途、「固定電話加入権」を「電話番号」という景品に引き換え、それを売買できる市場で換金できるという仕組みを黙認し、「総務省版三店方式」というペテンを生み出した。

第三に、固定電話加入権の「資産価値」のナゾである。ＮＴＴはあくまで、固定電話加入権に資産価値はないので返金には応じられない、という立場を取っている。

税制上は、固定電話加入権は資産として計上し、減価償却すら許されない無形固定資産として計上されてきた。さらには、相続税の対象でもあったのだから、ＮＴＴの主張と現実には矛盾がある。「資産価値のある財産権」と認識していた国民は多かったはずだ。ところが、ＮＴＴは金を集めるだけ集めた後に、「電話加入権には価値がないから解約してもカネは返さない」とシラを切りはじめたのだ。

恐ろしい話だが、ＮＴＴは国家がバックにいるという信用力を利用して、国民に４・７兆円にも及ぶ回線設備投資負担をさせてきたにもかかわらず、日本最大規模の通信インフラを築き上げた後には「電話加入権には財産価値がない。金銭債権にならない」と言いワケし、元総理秘書官、元総務大臣や元政調会長と癒着して政治的に守りを固めながら、40兆円に上る莫大な資産を持ち逃げしようとしているわけである。この悪質さは、自民党裏金事件の6億円が子供が親の財布から1000円札をかすめ取ったくらいに感じられるレベルだ。

当然だが、NTT以外の通信事業者は固定電話加入権の返還を争点として議論すべきだと強調している。それも当然で、そもそも加入権はNTTが通信インフラ投資のために、金利を支払わず、既存株主価値を棄損せず、国民を騙して金をかすめ取るという資金調達手段だったのだ。NTTは、電話番号を取得するには「固定電話加入権」の取得を義務付け、資産価値がある財産として譲渡できると三店方式を売り込んできたのに、今更、「金銭的価値はない」とするのはペテンもいいところだ。

また報道によると、非NTT通信事業者はこう語っている。

「NTT法の廃止で一民間企業のNTTが国民の共通資産を制約なく所有する

ということであれば、前提が全く異なってきます。（資産の）構築に用いられた施設設置負担金等の返還や共通資産をＮＴＴグループから完全に分離し、別会社とする〝完全資本分離〟が必要と考えます」

こういう考えは当たり前だろう。

そもそも「権利」は、対価を払った人に移転する。財産価値が存在するかのようにアピールし、通信インフラという特別な資産と紐づいている権利が国民に移転するかのような話をして、国民の財産を処分させたなら、それは立派に犯罪要件を満たす。

「詐欺罪」だ。

詐欺の構成要件

筆者が思うに、ＮＴＴの固定電話加入権を巡る行動は、十分に詐欺の構成要件を満たしているように見える。

詐欺の構成要件は三つあり、流れはこうなっている。

1．加害者が相手を錯誤させるために欺罔《ぎもう》行為を行う。

↓

2．相手が錯誤する。

↓

3．相手方の財物の処分及び移転をさせる。

要は、相手を騙して金品を自分のものにするのが「詐欺」の構成要件で、この三つを詳しく見るとこうなる。

1．欺罔行為

詐欺罪を成立させる第一の要件が、「欺罔」と呼ばれる行いだ。それは、人を騙す行為をいう。例えば、ウソを言ったり、事実を誤認させるような振る舞いをしたりすることを欺罔行為というが、欺罔行為とみなされるのは意図的にウソを言ったと立証できるケースとなる。例えばＮＴＴは、「固定電話加入権に資産価値がある財産として譲渡できる」というセールストークを使っていた。ところが、ＮＴＴは加入権に金銭的価値はないと話を変えてきた。「金銭価値がある財産」という当初の話がウソなのか、「金銭価値のない財産」という今の話がウソなのか、二つに一つである。前者であれば、固定電話加入権販売自体が詐欺だったと言えるし、後者であればＮＴＴ法廃止で本当は金銭価値がある財産を持ち逃げしようとしている詐欺だと言えるだろう。ＮＴＴが当初「資産価値のある財産」とうたっていたのは揺るぎない事実なので、そのお金が返せないとなったときには、「不測の事態によって見込みと違った」という場合だけ欺罔行為に該当しなくなる。それは、ＮＴＴが債務超過で通信インフラの価値以上に債務が膨らんでいる状態なら、「不測の事態」として、固定電話加入権が返還されないことが許されるだろうが、NTTは「通信インフラ」を活用したビジネスで儲かっているので、それにすら該当しない。

2．被害者が錯誤する

欺罔行為を受けた被害者が「勘違い」、いわゆる「錯誤」という状態に陥ることが、その次に必要な詐欺の構成要件だ。それは、加害者の「ウソを信じた」状態だ。この場合、NTTは明らかに「固定電話加入権に資産価値がある財産として譲渡できる」と言って売ってきたのだから、それに騙された人は多いだろう。そもそも、「電話加入権」にお金を払ったのではなく、「施設設置負担金」にお金を払ったと認識している人はどれだけいるだろうか。全国からランダムに固定電話加入者にアンケートを取って、「施設設置負担金を払い込んだオマケとしての固定電話加入権だったと認識しているか」と、聞き取り調査するべきだ。ほとんどの人は「施設設置負担金」という言葉すら知らないだろう。そう、私たちは騙されたのだ。

3．財産の処分行為と移転

相手がウソをつき、自分が騙されて、財布のひもを解く。そして、お金を渡す。財物を渡す行為を「処分行為」と呼び、三つ目の構成要件としている。「財物の移転」までで詐欺罪が成立する。ここまでの要件を満たしていても、最終的に財物・財産上の利益の移転がなければ詐欺未遂だが、私たちは「固定電話加入権」に金を払わされた。

相手を騙さずに財物を持ち逃げするのは単なる窃盗だが、「騙し行為」が発生しているなら詐欺に分類される。ＮＴＴに騙されたという「自覚」を国民が持つことが大事なのである。

詐欺の三要件は、十分に満たされているだろう。

ＮＴＴのペテンを許すな

通信事業者の主張のように、ＮＴＴ法を廃止して民営化するのだったら、国民に固定電話加入権を返金すべきだというのは「当然の権利」であって、「ＮＴＴがダメと言ったから」と泣き寝入りするのが間違いだ。

ＮＴＴは以前の固定電話加入権返還請求事件において、固定電話加入権は「非金銭債権」だとの最高裁判決が出たので、ＮＴＴはそれを盾に「金銭債権ではないから返還請求には応じない」と主張するだろう。

ただしこの裁判には、そもそもＮＴＴが「固定電話加入権に資産価値がある財産として譲渡できる」というセールストークを使って、国民を騙し討ちにしたという視点が抜けている。「加入権返還請求訴訟」で負けたとしても、ＮＴＴが詐欺を働いたとして、集団で「被害損害賠償訴訟」を提起できるのである。

筆者は、「ＮＴＴ法廃止、完全民営化なら電話加入権返金を求める」というイベントをオンライン開催したときに、６００名以上の申し込みがあった。仲間を集めれば、集団訴訟を提起して、ＮＴＴに損害賠償を請求することができるのだ。

これは立派な詐欺だ。国民から４・７兆円規模の巨額の資金を騙し取り、その行為が今日まで続いているので時効とはならないはずだ。25兆円分のうち、４・７兆円分は電話加入権分の資産なので、ＮＴＴが保有する通信インフラ資産の５分の１は私たち国民の共有資産である。仮に、損害賠償請求で、誰かがＮＴＴに勝訴すれば、その既判力をテコにして、ドミノ式に返還を求める国民がＮＴＴに殺到するはずである。

特に、今の時期はインフレで生活が苦しい国民が多い。ひとたび、「あのお金が返ってくるんだ」となると、ＮＴＴに「加入権返金」を求める声が高まり、ＮＴＴはネコババしようとした通信インフラを諦めざるを得ないだろう。

彼らは国民にそれを気がつかせないようにするために、政府と共謀してウソの情報をメディアで流しているフシがある。

その点について、次章で解説する。

第三章　政府のプロパガンダ作戦

NTTがGAFAMを目指す?

通信の仕事に従事してきた身として、萩生田氏の「防衛費のためにNTT売却」発言には大きな違和感を抱かずにいられなかった。NTTこそが日本の防衛インフラなのに、それを売却したら二度と構築できないくらいの莫大な予算を必要とするものなので、防衛予算どころではないからだ。

さらに、メディアでは「古い法律を廃止することで、NTTをGAFAMのように国際競争力のある企業にできる」というITビジネスを知るものが聞けば首をかしげるような言説が一斉に流れ始め、政府がステマ記事を打ち始めたのではないかと疑った。

NTTとGAFAMを並べて比較することは、農家とスーパーを並べているようなもので、「ビジネスのレイヤーが異なるので意味がない比較」である。スーパーに野菜売り場はあるが、野菜は畑からやってくる。同じ野菜ビジネスに見えても、スーパーは顧客と農家をつなぐプラットフォーム、農家は野菜を生み出す畑というインフラを必要とするので、ビジネスのレイヤーは全く異なる。「NTTをGAFAMにしよう」というテレビレベルのイメージ先行型スローガンを考える人材がいるとすれば、それは総務省ではなく、政府についているプロパガンダ政策チームとして雇われた広告代理店の企画営業マンくらいしか頭に浮かばない。

通信をつかさどる総務大臣を経験した菅義偉前総理ですら、NTTがGAFAMのように国際競争力を持つことを推奨するのだから頭が痛い。政治家だから許されるのだろうが、通信の仕事をしている人間が「NTTをGAFAMに」なんてことを言えば、専門職としての信頼を失いかねない。

NTTのビジネスの基盤は、まさに野菜を生み出す「畑」だ。その「畑」が

	NTTの現事業領域	競合事業者等
クラウド	-	GAFAM
ソリューション	NTTデータ	コンサル事業者（アクセンチュア等）
プラットフォーム	-	GAFAM
通信回線	NTT東西・ドコモ	国内通信事業者
次世代通信技術標準化・外販	NTT持株・イノベーティブデバイス（IOWN）	海外類似プロジェクト等（Open Compute Project等）
端末・OS	-	GAFAM

2023年12月13日「KDDI株式会社　情報通信審議会電気通信事業政策部会通信政策特別委員会（第10回）ヒアリング資料」より引用

広いので、他の事業者が畑をつくる参入障壁となり、ＮＴＴの利益の源泉となっている。ＮＴＴにとって通信インフラは畑そのもので、ＮＴＴの収益の源泉は「日本の地下に埋め込まれたインフラビジネス」である。投資リスクを国民に押しつけて、そのインフラで電話サービスを展開して儲けてきたのに、国際競争力も何もあるはずがないのだ。野菜は出荷できるが、畑は出荷できないのだ。ＮＴＴの収益の源泉は、日本国内の約75%を独占する通信インフラを利用してドコモやＮＴＴデータのサービスを競争優位で提供することにある。

ＮＴＴの強みは、日本の島に縛られた通信インフラや光ファイバー網であって、ＧＡＦＡＭの強いクラウドやプラットフォームビジネスですらない。左の図を見ると分かるが、ＧＡＦＡＭとはそもそもビジネスモデルが異なり、ＧＡＦＡＭはＮＴＴのお客様であっても競合であるはずはないのだ。

通信事業者らも、ＮＴＴの国際競争力強化はＧＡＦＡＭに対抗するというシナリオには疑問を抱いている。筆者から言わせれば、政府が国民を騙すためにデマを流しているだけにしか見えない。

右翼の女神と錬金術

そもそも、ＮＴＴ売却を言い出したのは右翼政治家の萩生田元政調会長だ。自民党内で「防衛関係費の財源検討に関する特命委員会」の委員長を務めている萩生田氏が、とんでもないデタラメを推進しているのが実態だ。財務省が建設債を発行して防衛費を賄っているというのに、「防衛費を増やすために増税は避けたいので、ＮＴＴの株を売ろう」というトンデモ論を打ち出し、ＮＴＴが保有する『40兆円資産』の利権化に取り組んでいるのだ。

ＮＴＴの株を売れば防衛費の負担が、後々増えることは目に見えている。国家防衛はミサイルや戦車、戦闘機だけではなく、基本は通信インフラ上の情報戦から始まる。そういう背景もあって、中国では鄧小平がファーウェイやＺＴＥという、アメリカのＣＩＡが名指しでスパイ企業だと呼ぶ通信企業を生み出して工作活動に当たらせ、通信インフラ上を流れる情報を盗んでいることが、トランプ政権時代のアジェンダとなってきたのだ。

通信インフラというのは国家防衛の中枢基盤だ。日本国内の隅々、離島や過疎地までも情報が届き、そこから得られた情報がすぐに東京に集まってくるインフラを失うことは、末端で起きたことを瞬時に情報収集する術を失うことになる。敵は離島やひと気のない所から攻めてくる。その情報が上がってこなければ自衛隊に不利である。

自衛隊は専用の通信システムもあるが、現場で最初に異常事態を見聞きするのは一般市民であることが多い。その一般市民の通信インフラはＮＴＴだ。ＮＴＴは電話加入権で集めた４・７兆円を使って、総額25兆円を投資して、過疎地域から密集地帯の都市部まで均一にインフラを構築した。現在価値40兆円の通信インフラをわずか５兆円で外資に売ってしまえば、有事の際には目も当てられない事態となる。

国防上の懸念が上がる一方で通信事業者は、ＮＴＴ法廃止を好機に通信インフラでの独占的地位を悪用して、他の通信事業者を潰しに掛かることを警戒している。

反対の声が上がり始めると、40兆円私物化利権に群がる右翼政治家たちは、右翼の重鎮的存在の女性を使ってトンデモ言説を流し始めた。

携帯電話をトランシーバーと誤解か

それが、大御所保守派論客による「ＮＴＴ法廃止は国益」というタイトルの記事だ。この記事の感想として、ＮＴＴ売却を言い出した右翼政治家による売国政策をかばうために書かれたのかと疑いたくなるほど酷い内容だった。誤解のないように言及しておくが、彼女は普段は国防の視点で鋭い論文を寄稿する知的なジャーナリストである。

ただし、今回の彼女の記事はＮＴＴ法廃止に賛成というスタンスであったが、その論には勘違いが多くて、とてもではないが読んでいられたものではなかった。

氏によると、そもそもＮＴＴ法の目的が今の時代に合っておらず、国益にかなっていないから、ＮＴＴ法を廃止するのは良い事だとして、そこに2つの争点をあげている。

第一に、日本全国に固定電話を設置し、ユニバーサルサービスを実現させ実施するのは時代遅れであるという点。

第二に、研究開発の成果を公開し普及させることが、中国のスパイに狙われる原因だという点を指摘している。

第一は、日本全国に固定電話を設置してユニバーサルサービスを実施するのは、固定電話から携帯電話に移り代わった今の時代では、電話のインフラを電波が担うので要らないと言っている。

筆者は、この記事を読んで驚いた。こんな大恥かきの勘違いを書いて良かったのか。

政治評論家の女史は、携帯電話の電波は、トランシーバーのように端末同士で直接飛ばし合っていると思っているか、あるいは東京タワーやスカイツリーの電波塔から、テレビの電波のように飛んでくると勘違いしているかのような論だった。

携帯電話の電波は、携帯電話同士で直接送受信しない。携帯電話から身近な基地局のアンテナとのやり取りであるため、そのバックに有線の地下通信インフラは必要である。電話加入権でつくられた通信インフラの上に基地局というアンテナが建っているので、通信インフラは携帯電話の時代にも必要なのだ。

インターネットも同様である。Ｗｉ－Ｆｉもルーターを経由して、固定電話の通信網とインフラを共有しているので、これを使わないとなれば、宇宙にある通信衛星でやり取りをするしかないが、それなりにコストはかかる。やはり、まだ通信インフラは必要なのだ。

そもそも彼女は、ＮＴＴ法の目的が固定電話を普及させることだと言っているが、そもそもＮＴＴ法には、その様なことは一言も書かれてはいない。ＮＴＴ法第一条は、次の通りだ。

「（目的）第一条、日本電信電話株式会社は、東日本電信電話株式会社および西日本電信電話株式会社がそれぞれ発行する株式の総数を保有し、これらの株式会社による適切かつ安定的な電気通信役務の提供の確保を図ること並びに電気通信の基盤となる電気通信技術に関する研究を行うことを目的とする株式会社とする。」

　この法の目的は、ＮＴＴが東西の株式を保有し、日本の隅々まで通信網を築き、そのために常に技術開発をし、通信サービスを提供することが目的という意味で、固定電話を普及させる事だとは一言も書いていない。ひと言も書いていないのに、「固定電話の為の法律」と批判し、時代に合わないから法律を廃止しろという持論を無理くり展開しているので呆れたものだ。

右翼の意味不明売国論

この右翼の女神が指摘する第2の論点は、研究開発の成果を公開して普及させることが法で規定されているために技術を中国に盗まれるというものだ。研究開発の成果を公開して普及させるとは、一言も書いていない。書かれてもいない文言が気に入らないから廃止しろというのは無理だ。

NTT法のどこを読んでも研究開発の成果を公開し普及させるということは、ひと言も書かれていない。それらしき風に捻じ曲げて解釈できそうな文言は第3条の左記くらいだが、それでも意味は異なるのだ。

（責務）「第三条、会社および地域会社は、それぞれその事業を営むに当たっては、常に経営が適正かつ効率的に行われるように配意し、国民生活に不可欠な電話の役務のあまねく日本全国における適切、公平かつ安定的な提供の確保に寄与するとともに、今後の社会経済の進展に果たすべき電気通信の役割の重要性にかんがみ、電気通信技術に関する研究の推進及びその成果の普及を通じて我が国の電気通信の創意ある向上発展に寄与し、もって公共の福祉の増進に資するように努めなければならない。」

ここに、「電気通信技術に関する研究の推進及びその成果の普及を通じて我が国の電気通信の創意ある向上発展に寄与し」と明記されてあるが、「研究成果の普及」は「技術の秘密を公開する」という意味ではない。

研究を通して新しくどのようなサービスが考えられるか、新しい技術でどのような製品が考えられるのかという成果の普及であり、研究内容の公開ではない。仮に、研究成果を開示する義務があれば、ＮＴＴは一つも特許を取得できないはずである。特許取得には新規性が求められるので、それが公開空間上に開示されていれば新規性が認められずに特許を取得することはできない。ところが、NTTは既に2万件近い特許を取得している。仮に他社に研究成果を開示していたら、その企業が先に特許を取得している。そこから分かることは、NTTは研究成果を開示しているわけではないということだ。

以前にNTTに対して、どのような研究をされているかを尋ねたことがあるが、公開できる範囲と公開できない範囲があり、きちんとお断りをされたうえで公開できる範囲内の情報を教えて頂いたことはある。秘密保持契約なしではネット上で公開されている程度のことしか教えてもらえず、研究成果を何でも教えてもらえるということは絶対にない。

危ないのは日本にスパイ防止法がないことであって、NTT法ではない。

普段、政治評論では鋭い記事を寄稿されている彼女のNTT法に関するトンデモ論を拝読し、頭が痛くなった。やはり、通信の仕事をしたこともなく、技術に理解もなく、固定電話の時代に生まれ育ったシニア層として、スマホなどの移動体通信とは何か、特許とは何かを理解できない様子が記事から見て取れた。

下手すると、売国政策を庇っている様にしか見えない。NTT法を廃止すれば、国が保有する3分の1の株式を売却できるようになり、現実的に購入できるのは外資か、あるいは中華系くらいだ。

この先生は、たまにトンデモ論を唱える。「NTT法廃止が国益」もそうだが、2021年6月24日の記事にも「ワクチン接種加速で国難克服」があった。その時に、ワクチン接種を加速した結果、いまの日本は超過死亡率が高まり、逆に国難が加速している。彼女の消費税論である「消費税増税は未来への責任」という記事もあったが、消費税増税は、未来への責任ではなく悪政の尻拭いだ。

NTT株の売却は、郵政民営化と同じような顛末にしかならないだろう。

思えば、小泉政権時代も、靖国神社に参拝しただけで「小泉首相は愛国者だ」と右翼が賛美し、外資が狙う郵貯を持つ郵政民営化を問う解散選挙で反対派はことごとく落選して、郵政民営化は果たされた。その後、日本に起こったのは、郵政が保有していた資産が二束三文で売られ、ゆうちょマネーは消え、肝心の郵便サービスは以前とは比べ物にならないほど劣化した。

右翼も左翼も政治家の利権づくりの際にはトンデモ論を押し出して、メディアを通じて国民にウソを信じ込ませるという悪い癖がある。彼らの言説は、所詮は政治家の紐づきなのだ。

日本の防衛を強くするためには、通信という防衛インフラを維持しなければならない。右翼の女神によるＮＴＴ株売却が国益に適うという事実と異なる論には、全く賛同できない。

NTT法は時代に合わないというウソ

某女史がトンデモ論を言い出してから、各メディアから似たような論調の記事が流れ始めた。恐らく、広告代理店が絡んでいるのだろう。NTT法が時代遅れで古いから、NTTが成長できない原因だという真っ赤な嘘をばら撒いている。

日経新聞の9月3日の社説には「時代遅れのNTT法は抜本的な見直しを」という見出しの記事が出ている。NTT法を見直しするのならばまだ理解できるが、NTT自体を売却するのはまったく日本国民のプラスにならない。

各報道、いろんなニュースメディア、いろんな政治家、いろんな言論人、右翼の重鎮からNTTの経営者などの各人が、口を揃えウソを言い始めたのだ。

「ＮＴＴ法が時代に合ってないからＮＴＴは成長できない」「技術の秘密が守れない」「このままだと中国のスパイの餌食になってしまう」というウソを平気で言い始めた。

そもそもＮＴＴ法がＮＴＴの技術を守れないのだったら、とっくの昔に滅んでいるはずだ。ＮＴＴが開発したものを全部法律に従って開示しないといけないというのだったら、韓国、中国、アメリカがとっくに盗んでサービスを開始しているはずだ。それが出来ていないのは、そうではないということの証左である。

仮に百歩譲って今の法律が、ＮＴＴの技術を世界中に開示しないといけないとなっているとしたら、そこだけを変えれば良いことである。いまの自民党からの提案は、技術をスパイから守ろうと言いながら、ＮＴＴ法を廃止しＮＴＴを外資に売却しようとしているようにしか見えない。

メディアから出てくる論調が悉《ことごと》く同じというのもおかしいだろう。世界情勢が不穏な今こそＮＴＴ法が必要なのに、それを「時代に合っていない」、法には一言も書いてないのに「固定電話の為の法律だから廃止せよ」、そして究極のウソは「ＮＴＴ法があるためにＮＴＴは技術の秘密を公開しないといけない」という言説を流しているのだ。このような真っ赤な嘘を右翼が口をそろえて主張するということは、右翼大物政治家が背後で動いていると考えるのが自然だろう。

政治家や言論人の嘘を許すな

政治家のウソを許してはならない。
そして、彼らのウソを擁護する紐づき言論人もだ。
平気でウソを垂れ流し、国民の頭が悪いとバカにして騙そうとして来ている。ここ数年を振り返ると、政治家がかなりのウソをついてきたことが分かる。

国民から集めた血税を外国にバラマキ、国民に対しては「財務省が悪い。緊縮財政を財務省が敷いているので国民に対して金は出せない」というウソをついている。安倍政権時代に、官邸の意向に逆らう官僚を降格できるように公務員制度改革を行っているので、いまの政治家は官僚の意向など聞かない。自分たちの言いなりになる官僚しか出世できない仕組みになっているからだ。

最近起こった半導体不足でもそうだが、困っている日本企業には金を出さず、外資に1兆円以上を契約なしに与えた。「半導体が不足しているから半導体の生産を増やしましょう」と、それらしいことを言い、車載チップ不足に苦しむ自動車メーカーにチップを供給してくれるのかと政府に問いただせば「半導体を増産すると言ったが、供給するとは言っていません。国際協定の決まりがあるので、日本企業を優先して供給することはできません」と平気で回答する。これが今の与党の手口である。

ＮＴＴの通信インフラは現在の価値にして40兆円だが、実際の帳簿に載っている資産は10兆円分くらいしかない。そこに含み益が30兆円くらいあるという計算になる。株式取得で５兆円出せば30兆円儲かる。こんなオイシイ株の取引は、もう一般市場にはない。企業ファンドが萩生田議員に取り入ろうとしたとしても無理はない。そもそも、萩生田議員が力をつけたきっかけは外資企業の優遇である。彼は台湾企業のＴＳＭＣに助成金を出すと決めてから、一気に総理候補に躍り出た。

不思議な話だが、日本の総理候補と台湾ロビーの関係は深いことが多い。戦後、台湾バナナ利権で儲かった御三家「岸家、小泉家、河野家」は、政界で重要なポジションを占めた。いまも、小泉進次郎議員や河野太郎議員は必ず総理候補に名を連ねる。

２０２１年は、衆院選の前に政治家とべったりの言論人たちが急に台湾パイナップルを推奨し始めた。普段、愛国を謳《うた》う人たちが台湾パイナップルのみを推奨して、国産パインは完全無視するという不気味な現象だった。

日本の政界における台湾ロビーの力は、米国ロビーや中国ロビーのそれを超える。

安倍派裏金事件が表ざたになるまで、TSMC利権、NTT40兆円利権を推進する萩生田議員が、安倍派会長、いわゆる総理候補となっていた。

日本国民が権利意識を高め、利権政治にメスを入れなければ、この国が良くなることはない。まずは、政治家や評論家のウソを許してはいけないのだ。

TSMCに金をやるのは半導体不足を解消するためではなかった。NTT法も固定電話のための法律だから廃止すると言うが、NTTはすでに来年の1月で固定電話のサービスをやめると発表した。右翼の女神は「固定電話のためのNTT法は古い」と言ったが、現実はNTT法を廃止する前に「固定電話は廃止」された。彼らの見え透いたウソの先には、40兆円という輝くお宝があることを見落としてはならない。

右翼の女神が推進する憲法改正案も酷い。「GHQに押し付けられた憲法だから自主憲法を制定しなければならない」とそれらしいことを主張する。ところが、蓋を開けてみると、国民の人権を制限し、国民は国家に従わなければならないという憲法に変わるのである。

筆者自身も右翼雑誌で書いてきた。辞める前に気がついたのは、出版社に政治家が出入りし、多額の金が流れているという現実だ。彼らの言説は「日本の未来」を思う心ではなく、金でできているということを覚えておいて欲しい。

B層はあなた

郵政民営化を覚えているだろうか。

郵政は、郵便貯金という数百兆円に上る巨額の国民預金が狙われた。あの時も似たようなウソが大々的に流されたのだ。

自民党の右翼議員が暴利を貪る為の郵政民営化を反対されたくないので、「郵政民営化は国のために良い事だ」というプロパガンダを流したのだが、その時に広告代理店が絡んでいる。広告代理店がターゲットにしたのが、彼らが呼ぶところの「B層」だった。B層というのは、広告代理店による分類で、主婦と学生と情報弱者のことを指すそうだが、彼らをペテンにかける標的にしたのだ。

広告代理店が流した言説は、「郵政民営化で年金が増える」、「郵便サービスが向上する」、「消費税を上げなくても良くなる」、「小泉首相は愛国者」という何の根拠もない真っ赤なウソを繰り返し流して国民を洗脳した。筆者は当時二十代だったが、このプロパガンダを聞いたときに「論理的に整合性が取れない」と率直に思った。郵便というインフラ事業は、国営だからこそ黒字の都市部も赤字の過疎地も同じサービスが受けられると理解していたからだ。そして、靖国神社に参拝することがイコールで愛国者だという考えにどうしても賛同はできなかった。

郵政民営化から十数年が過ぎて、どうなったかというと、予想通り、郵政民営化で郵政の資産は外資に食い荒らされ、消費税は上がり、年金は減り、郵便サービスは劣化した。いまや、郵便サービスは民間としてやるには重荷なので国営化するべきだという議論まで出ている。

そして、歴史は繰り返す。通信の分野で。

森―小泉―安倍ラインを継承する萩生田議員が同じ事を繰り返しているのだ。

いま、メディアは私たちをB層マーケティングの対象にして、「NTT法は固定電話のための古い法律だ」と嘘をついて騙しにかかっている。研究成果の開示義務があるというのもウソ。日本の地中に埋まるインフラに優位性があるのに、国際競争力を高めるためというのもウソだ。NTT株売却が防衛費のためだと言うのも真っ赤な嘘だ。通信インフラという最も金と工事の時間がかかるモノを手放したら、余計に防衛費がかかり、この国は滅びる。

既に防衛費増を賄うために、4343億円の国債が発行されたのだ。防衛費の財源に赤字国債の発行が認められるのだったら増税もいらないし、ＮＴＴ株を売り飛ばす必要もないのは火を見るよりも明らかだ。

国の隅々まで通信インフラを提供するのは、国民の日々の生活にも非常に役に立つサービスである。そのうえ過疎地や離島なども同じようにサービスが受けられる。敵国が最初に攻め入るのは、離島や過疎地である。何か万が一のことが起きたときに、それを発見するのは自衛隊ではなく国民で、彼らは電話で警察に通報するのに、それを外資に売って国が守れるのか。そういう意味でも、防衛インフラでもあるのだ。

それを固定電話のための法律だから古い、国際競争力を高めるのに法律が邪魔だというのは、裏金議員たちによる皆さんを騙すためのウソなのである。全ては利権、全ては裏金づくりのためにこれらのウソの言説は流されている。

そう、Ｂ層とは私たちのことだ。

右翼政治家は私たち国民をバカにしているのである。

第四章　狙いはNTT帝国

JR東海葛西帝国を目指す通信界のドン

右翼政治家と連携するのは、元NTT社長で現会長の澤田純氏である。

週刊文春電子版で、「NTT法見直しで〝焼け太り〟ドン澤田会長が狙う経団連会長」という記事が出た。内容は、「総務省は9月12日、政府による3分の1以上の保有義務などを規定したNTT法の見直しを議論する特別委員会を開いた。NTTの島田明社長は『(現行法は)国際的競争の強化を妨げている』と主張した一方、他3社のトップは『NTTの肥大化を招く』と猛反発。同委員会は、24年5月頃を目処に報告書を取りまとめる予定だ。自民党内ではNTT株の売却益を防衛財源に充てる案が浮上するなど、見直し案が加速。〝ドン〟によるロビーイングも利いているのでしょう」(政府関係者)。〝ドン〟とは澤田純会長（68）のことだ。当然ながら、役員報酬も高額だ。昨年3月期は1億2300万円、今年3月期も1億1400万円と、2年連続で1億円を超えている。「そんな澤田氏の右腕が、柳瀬唯夫副社長です。柳瀬氏は麻生太郎、安倍晋三両首相に秘書官として仕えた元経産官僚。加計問題では、愛媛県側に〝首相案件〟と迫った疑惑が報じられました。その後、澤田氏の招聘もあって、19年にＮＴＴに〝天下り〟。グループの国際競争力向上などを指揮してきました」（同前）というものだ。

つまり、ＮＴＴ法廃止は、国鉄民営化利権、郵政民営化利権に続く、議員と経営幹部による私物化利権だということだ。澤田会長は、政界に人脈も広く、ビジョナリー（事業の将来を見通した展望を持っている人）と呼ばれている。その澤田会長の描く未来は、ＮＴＴの『澤田帝国化』だと囁《ささや》かれている。そのモデルとなっているのは、かつて葛西敬之氏が率いたＪＲ東海『葛西帝国』だろう。

国鉄を民営化する時にＪＲ東海『葛西帝国』が生まれ、日本の政治に大きな影響を与えた。ＪＲの中で一番儲かる東京―大阪間の新幹線をスピンアウトさせて葛西氏が会長として君臨し、彼が死の床に就くまで支配し続けたゆえに、そう呼ばれた。葛西氏はロビイングするために、国会の近くのキャピタル東急ホテルの一室を年間６０００万円以上も経費で支払って借りきっていたり、右翼雑誌とも関係が深かったりして、誌面の論調にも影響を与えた。

葛西帝国と呼ばれて恐れられているが、葛西氏自身は保守業界では重鎮だとみなされてきた。確かに、葛西会長は多くの方から尊敬されており、精神的にも立派な人だったと思う。リニアの開発でも、日本の技術革新を支えた貢献者であることは間違いない。それでも、民主主義は常に「プロセス（手続き）」が国民に開かれているかどうかを重視しなければいけないことには変わらない。

では、澤田純氏はどういった人物か。彼は頭脳明晰で、胆力のある人物だ。

社内では、澤田氏は「反中派の愛国者」として評判だ。

その彼が急にＮＴＴ法廃止を言い出したのは、右翼政治家達を長年支援してきた葛西氏が２０２２年５月に間質性肺炎で亡くなった後というタイミングにも関係あるのではないかと筆者は勘繰っている。葛西氏が死去した際に、その評価は分かれた。

朝日新聞は、「政治と権力を追い求めた生涯　ＪＲ東海名誉会長・葛西敬之氏死去」、産経新聞は「『リニアの思い　最後まで』　ＪＲ東海の葛西氏死去、悼む声相次ぐ」と報じたが、どちらも彼の一面を表している。作家の森功氏著『国商　最後のフィクサー葛西敬之』（講談社）によると、葛西氏は、国鉄民営化のために左翼と組み、ＪＲ東海の会長に君臨してからは政界に対する影響力、特に警察官僚や検察官僚とのコネを築き上げ、安倍政権を支えたとされている。右派は「葛西帝国」に依存してきたのだが、その葛西氏が急逝したとなると、資金的にバックアップしてくれる経営者と資金づくりが新たに必要となったのだ。

萩生田元政調会長は、「葛西モデル」を、NTT法廃止によって実現しようとしているのではないか。そして、お友達にそれを実現してもらおうと考えているのではないか。そのために、安倍元首相の秘書官だった柳瀬氏をNTT副社長として送り込んだのではないか。そうでなければ、NTTによるドコモの子会社化が総務省の審議無しに実現したはずもないだろう。

NTTにドコモを子会社にする正当な理由はそもそもなかった。ドコモはNTTグループの中で最も利益が出る会社である。NTT法を廃止し、通信インフラは外資にくれてやって、NTTの中で一番儲かるドル箱ドコモの会長として君臨すれば、政界に対する影響力も駆使できるし、裏金問題で失脚しそうな議員を救うこともできる。仮に、次の選挙で落選しても、お友達にNTT法廃止利権を与えておけば、子飼いを政界に送り込むことによって政治は支配できるというのが右翼の裏金政治家の算盤《そろばん》だろう。

だからこそ、裏金議員らにとってＮＴＴ法廃止は自分たちの金と権力延命のために必須なのだ。

40兆円私物化作戦

右翼が狙う本命は、ＮＴＴが保有する現在価値40兆円の通信インフラを私物化すること、ドコモを支配してドコモが生みだす１兆円の利益にタカることの二本立てである。

後者は、右翼政治家の子飼いをドコモ会長に君臨させればいいが、前者を達成するにはＮＴＴ法が邪魔なのである。それが第四条で、「（株式）第四条　政府は、常時、会社の発行済株式の総数の三分の一以上に当たる株式を保有していなければならない。」との規定だ。これが邪魔なのだ。

ＮＴＴ法で国が保有しているＮＴＴ株は売ってはいけないとなっているのは、外資にＮＴＴが乗っ取られたら危険であるためだ。自民党は、「国際競争力を高めるために廃止しよう」と主張して、第四条には一言も触れていない。国際競争力を高めるのにＮＴＴ法を廃止する必要はない。必要なのは、ビジネスモデルの転換だ。彼らが第四条のＮＴＴ株を国が保有しなければならないという条文を隠しているのは、国民に気がつかれないようにＮＴＴ法ごと第四条を潰して、ＮＴＴを外資に売却するためだ。

ＮＴＴをどの企業が買収できるのか、冷静に考えてもらいたい。ＮＴＴという巨大企業を買収できる企業が存在するかといえば、日本国内にそれだけ力のある企業は存在しない。ＮＴＴ株は時価総額約15兆円だが、その3分の1は約5兆円である。5兆円ものキャッシュをポンと出せる企業は日本国内には存在せず、中国政府がバックのファンドか企業ぐらいだ。

5兆円を現金で出せる企業で、いま、日本国民がアレルギーを起こさない中華系企業はＴＳＭＣかソフトバンクくらいしかない。本当はＮＴＴの隣にいるファーウェイがＮＴＴ株を取得したいのだろうが、仮にＮＴＴ株をファーウェイが買うとなると必ずアメリカ政府から横やりが入る。それを考えると、ファーウェイと表裏一体のＴＳＭＣか、ファーウェイと親しいソフトバンクか、あるいは他の中華系かという選択肢になるだろう。

ＮＴＴ株売却を最初に言い出した萩生田議員がこれまで大事にしてきた関係を見ると、ファーウェイ、新唐科技（ヌヴォトン・テクノロジー）、ＴＳＭＣなど全て中国の浙江財閥系企業である。特に、５Ｇ促進法はファーウェイのためにつくられた法律で、ファーウェイがつくりだした５Ｇ規格を導入した製品に投資すれば税額控除が得られる仕組みになっている。そして、５Ｇ促進法改正でＴＳＭＣは１・２兆円の助成金が約束された。

ＮＴＴ法を廃止し、通信インフラごと売却するのは、送電設備を外資に売却するぐらい危険なことである。そういったことを平気でやってしまう政治家が公権力を濫用すること自体に、この国の危機がある。萩生田議員が裏金問題を追及されることもなく首相を目指して、NTT法廃止に邁進している姿を見ると、いったいこの国はどうなってしまうのかと危惧せざるを得ない。

トンチンカン総務大臣

前章で右翼から酷い言説が流れていたことを紹介したが、ついには総務大臣までこんなことまで言い出した。

2023年12月15日の日経ニュース「NTT法『必要な制度改正、早期に』松本総務相」では、こう報じられた。

「松本剛明総務相は15日の閣議後の記者会見で、NTT法を巡り『必要な制度改正は急いで行わなければならない』と述べた。全国一律の通信サービスや公正な競争、経済安全保障の確保が求められるとの考えを示した。情報通信産業の競争力強化も考慮する。

松本氏はＮＴＴに課す研究成果の公開義務の撤廃などを含めて『次期通常国会への法案提出も視野に、必要な対応を進めなければならない』と語った。ＮＴＴ法の存廃に関しては『制度改正の結果として、これから法律の最終的な形を組み立てる』と話した。自民党や経済界、有識者など幅広い意見をふまえ、法律のあり方を検討する。

ＮＴＴ法をめぐっては、自民党のプロジェクトチームが２０２５年をめどに必要な措置を講じ次第、廃止を求める提言をまとめた。総務省は情報通信審議会（総務相の諮問機関）でＮＴＴ法の見直しを議論しており、24年夏をめどに方針をまとめる。」（引用終わり）

この報道でも分かるように、総務大臣までもが「研究開発の開示義務」というＮＴＴ法に存在しない条文をベースに議論をしている。この総務大臣はＮＴＴ法を読んだことがあるのかと疑問を抱くほどだ。ＮＴＴ法にあるのは「研究開発の普及の責務」であって「研究開発の開示義務」ではない。自分たちの利権を推進するために、存在しない条文を問題だとして法律改定議論を展開するのが今の自民党である。

筆者自身も、仕事で何度もＮＴＴには通ったが、ＮＴＴが技術を無料で何でも教えてくれる素敵な会社かといえば、そういうことは絶対にない。たとえ、ＮＴＴと秘密保持契約を締結しても、ＮＴＴが私たち下請け企業に技術を教えてくれるなど、逆はあってもそんなことはあり得ないのが現実だ。

この総務大臣は事実と異なることを平気で言っている。ＮＴＴがもしすべての研究成果を開示していたら、この会社は一つも特許を持っていないはずだ。特許は公けに開示してしまったら取得できない。特許を持っているということは、知的財産権は守られているということである。それを承知のうえで、総務大臣は嘘を言っているのだ。

ある知的財産権を得意とする弁護士に、ＮＴＴ法廃止をめぐる議論について、ＮＴＴ法に照らし合わせて見解を頂けないか尋ねたところ、次のように返ってきた。

「第三条の電気通信技術に関する研究の推進及びその成果の普及規定のために知財を守ることができないというのは、どう考えても詭弁でしょう。

おっしゃる通りＮＴＴはこれまで多数の特許を出願し、特許訴訟などで知的財産権の権利行使もしてきました。これまで長年にわたり、この第三条を含む法律の下で、どこよりも知財戦略に力を入れ、特許出願を積極的に取り組んで多数申請し、たくさんの特許登録を保有し、また権利行使してきたという事実が、第三条が決して知財を守るための妨げにはならないことを物語っています。

特許出願当時の最先端技術を社会に開示し、その開示の代償として独占権を与えるという制度です。すなわち、特許出願公開によって、電気通信技術に関する研究の推進及びその成果の普及が図られる面がありますし、実際、そのようにも働いてきたでしょう。

自民党が今更になってＮＴＴ法を廃止して、ＮＴＴ株の売却を図ろうとしているのは、まさに深田さんのおっしゃる通り、売却利権にありつこうとしていることに他ならないと思います。自民党としてはこの本音を出すわけにはいかないので、苦し紛れの説得力の無い言い訳をしているように思えます。まさに深田萌絵さんのご指摘の通りと私も考えます」

このように、知財の仕事している弁護士からしても、自民党の利権政治のための詭弁には呆れた様子である。大臣ともあろう人間がこのレベルのウソをつくのは、いかがなものだろうか。

繰り返すが、そこまでして自民党がＮＴＴ法を廃止したい理由は二つある。一つは、毎年1兆円入ってくるドコモの利権。もう一つは、隠された40兆円資産の利権だ。

この二つの利権を自分たちの手中に収め、郵政民営化の時のように、自分の好きなように投資をし、そして資産は自分のお友達企業に二束三文で売却をして裏金をもらうことを考えているのではないのか。

郵政民営化の際には、30～40億円かけて建てた「かんぽの宿」が2億、3億円の二束三文で半島系の企業に売られていった。こんなとんでもない事を繰り返している限り、この国が良くなるはずはない。こんなくだらない詭弁で国民を騙そうとしているから、支持率が伸びないのは当然だと言える。

ＮＴＴ独占地位に向けたペテン

ＮＴＴの経営幹部が右翼政治家とタッグを組んだのは、独占的地位復活に向けての策でもある。その第一弾がドコモの子会社化、２０２２年にドコモとコム（ＮＴＴコミュニケーションズ）の統合を果たした。これでＮＴＴは独占的地位を一層高めることができたのだ。

そもそも、ＮＴＴが分社化された背景には、「ＮＴＴが市場を独占」して新規参入を阻んでいるという問題があった。

日本電信電話公社時代から、独占弊害に対する競争の必要性が言われ始め、ＮＴＴが独占的な地位を濫用すればサービスの質が落ちるということで、適度な競争を保つため、新規参入が可能となるように会社分離などの公正競争条件を整備した。それが、１９８５年に公社から日本電信電話株式会社へ移行し、競争を導入する背景となったわけである。まず１９８８年、データ通信の発展に向けて、人、資本、業務を分離してＮＴＴデータが生まれた。

それでも、ＮＴＴの独占的地位は高く、通信業界における新規参入の壁は高かった。

そのため、１９９０年に開催された総務省の電気通信審議会では、「国民利用者の利益の最大限の増進を図るため、ＮＴＴの巨大・独占性の弊害を除去するとともに、電気通信市場における構造上の問題（独占的分野と競争的分野の一体的経営）を解消し、ＮＴＴの経営の向上と公正有効競争の実現を図る観点から、以下の措置、方策を講ずることが望ましい」として、以下の条件を決めた。

①長距離通信業務を市内通信部門から完全分離した上で、完全民営化する。
②市内通信会社の在り方は今後の検討課題であるが、当面１社とする。
③移動体通信業務をＮＴＴから分離した上で、完全民営化する。
④業務分離の円滑な実施等のための所要の措置を講ずる。
⑤以上の措置は、株主、債券者の権利確保に十分配慮しつつ行う。

・移動体通信市場における新ＮＴＴ
公正有効競争の観点から、ＮＴＴが取得する移動体通信会社の株式は、上場以降に市場において逐次売却し、できるだけ速やかにＮＴＴの出資比率を低下させることが望ましい。

これが、90年に電気通信委員会で決定された。その次に、１９９２年に移動体通信業務を分離してドコモをつくった。そのうえで、ＮＴＴが独占する通信インフラという優位性を濫用して通信事業での公正競争促進のために、長距離通信会社と地域通信社を再編成しようとしたが、反発したＮＴＴは持株会社制度を導入して、「公正な競争を促すための分社化」を骨抜きにする策を取ったのだ。そのために、１９９９年にＮＴＴホールディングスとして持ち株会社が生まれ、その傘下にＮＴＴ東、西、コミュニケーションズという現在の形となったのだ。

そもそも分社化するときの理由が、「適度な競争を国内市場に持ち込み、国際競争力を高めるため」であった。いまは、同じ理由で逆のことを行っているわけである。

２０２０年には、当時のＮＴＴ経営陣は政権に働きかけてドコモの完全子会社化を通信審議会を通さずに果たしてしまった。１９９９年に再編各社間の再合併は認めないという前提で持株会社化したにもかかわらず、ドコモとコムを一体化してしまったのである。

本当に、ＮＴＴは国際競争力を高めたいと思っているのだろうか。

以前、ＮＴＴの澤田会長（当時は社長）に対して、「グローバル展開のために国際競争力を高める気はないのでしょうか？」と質問をしたことがある。その時、彼は明確に、「日本企業として国内のサービスを拡充することが先決で、グローバル進出には興味がない」と回答した。菅義偉政権時代だった当時、菅元首相が「ＮＴＴがＧＡＦＡを目指すべき」と発言したニュースに対する意見を求めた時も、彼からは、「ＮＴＴの事業はＧＡＦＡとオーバーラップする部分がない」と、真っ当な答えが返ってきた。

澤田会長は、総務大臣のウソもNTTがGAFAを目指せるわけがないということも分かっているのではないかと筆者は疑っている。

附則に「2025年に廃止」を明記

NTT法廃止議論に対する批判が高まると、政府は「NTT法廃止ではなく法改正」という建前を押し出すようになった。

メディアも大々的に、NTT法廃止議論なんてなかったような振舞いで、「NTT法改正」という見出しで報道を始めた。萩生田元政調会長が言い出したNTT株の防衛財源論もトーンダウンして、最近では「国際競争力強化」のためにNTT法を改正して外国人役員を迎え入れようと、国民に受け入れられやすい主張に形を変えてきている。

国際競争力強化というと、なんとなく国民も納得してしまっているのが厄介だ。

議論は、廃止論からＮＴＴ法改正がメインになり、廃止議論は消えたかのように見えていたが、資料を読み込んできた弁護士が政府ペテンを見抜いた。

それは、昨年の12月５日に自民党が発表したＮＴＴ法のあり方に関する提言にあった。最初の数ページは延々と「国際競争力のために、どれだけＮＴＴ法が悪なのか」という議論がなされ、業界で働いていない人が読めば、「なるほど、ＮＴＴ法は改正したほうが国際競争力は高まるな」と納得してしまいそうなことが書いてある。

もちろん、多少業界事情を知る人間が読めば、まったくのデタラメだということは分かるのだが、国会議員や官僚は民間で働いた経験がある人が少ないので、現実を知らない人が多い。女性政治家の多くが、「男女差別はなくなった。給料に男女の差はない」と信じているのだが、悪意があるわけではなく、エリートとして生まれ育ち、大企業、官僚から政治家という「男女の給料に差がない」世界で過ごしてきたので、実感がないのだ。

それと同じく、ほとんどの国会議員は通信の仕事も知財の仕事もしたことがない。議員や総務省の下っ端官僚を含めて、ＮＴＴ法が固定電話のための法律であるというウソの議論や、研究開発開示義務のために技術が流出するという真っ赤なウソを信じているだろう。

法律の知識も実務の経験もない人間が集まって、国家の根幹を崩すほどの愚策を真面目な顔して決定を下そうとする笑えない現実だ。

そして、ＮＴＴ法のあり方としてさんざん関係ない話を議論して、ほとんど触れないまま最後の最後にＮＴＴ法を２０２５年に廃止する附則が自民党提言にコッソリ忍び込ませられている。よく読み込まないと、見落としそうな場所に書いてあるのだ。附則とは、オマケではない。

法令は、本則と附則で構成される。法令において付随的な事項を定めた部分のことを附則と呼ぶ。附則は「追記」のような軽いものではなく、法令の本則と同じ効力を持っていることに留意されたい。

参議院のホームページによると、「附則には、経過措置など当事者にとって重大な影響を及ぼす事項が規定されていたり、特例など本則だけを見ていたのでは分からないような事項が規定されていたりします。複雑な規定も多く、また、付随的事項ということで見過ごしてしまいそうですが、いずれも、本則の円滑な運用のためには不可欠な規定であり、見落としてはならない法律の重要な構成部分と言えましょう」と注意がなされている。

ということは、改正のために国会で審議して決議すると附則で「２０２５年国会でＮＴＴ法を廃止」がセットで付いてくる。本則と同じ効力を持っているので、「改正くらいいいか」で通すと、「廃止もセットで決まってくる」のだ。

与党がペテンにペテンを重ねていることが許しがたいとペンを震わせるほどだが、政治家によるペテンを見抜くだけの能力を私たち国民も身につけなければばならないということだろう。

この改正案が通れば、２０２５年にＮＴＴ法が廃止され、４条で売却を禁止されていたはずの日本政府の保有するＮＴＴ株を売却できるようになり、ＮＴＴの通信インフラを全て外資に奪われることになる。無論、改正案は今後も二転三転するだろう。

ただし、裏金議員の目的は、ＮＴＴを完全民営化し、お友達帝国を築き上げ、右翼議員がそのおこぼれにあずかろうとする壮大な計画のためだ。ただし、それが実現すると、有事の際に、私たちは国にその危機を知らせる手段を失い、多くの国民が救われないままに滅んでいくことになることを忘れないで欲しい。

第五章　台湾バナナと腐敗国家

裏に台湾の影

萩生田議員の「ＮＴＴを売却して防衛費の財源に当てよう。そして増税から国民を救おう」という案は悲惨な未来が待っている。これから国民には、ＮＴＴを失い、そのうえ、防衛増税が始まる未来が待っている。ＮＴＴ株売却益を防衛財源にしようという話なんてなかったかのように、既に党内で防衛増税議論は始まっているのだ。

既に延べた通り、では、このＮＴＴ株をどこなら買えるのかという疑問が残る。

ＮＴＴ買収にシナジー（相乗）効果があり、それを買うだけの資金が用意できる会社は世界に数社ぐらいしかない。一社はビジョンファンドを運用するソフトバンク、そして、もう一社はアメリカ政府が中国スパイ企業と名指しで呼んでいるファーウェイの二社くらいだろう。もしかしたら、中東のファンドが出てくるかもしれない。いずれにせよ、どちらも裏にいるのは習近平政権を支える中国の浙江財閥である。

個人的には、ファーウェイかソフトバンク孫正義氏のビジョンファンドだろうと想定していたが、中国の通信事業者に聞き込みをしたところ、どうもソフトバンクでもファーウェイでもなく、習近平氏はＴＳＭＣに買わせるつもりだという情報を中国通信事業者から得た。

ファーウェイがＮＴＴ買収となると、さすがにアメリカ政府が警戒して日本政府に圧力をかけるかもしれないので、ファーウェイと最も親しく、そして日本で最も歓迎されている浙江財閥系企業のＴＳＭＣが相応しいのではないかという話になっているようだ。筆者が、この話に違和感を抱くのは、ＮＴＴ株５兆円をＴＳＭＣが買うだけの資金力はあるだろうが、半導体会社が通信企業を買うという一見してシナジー効果が見られない買収をやってのけるだろうかという点だ。過去、ソフトバンクの買収を見ると、彼らは通信会社であるにもかかわらず英半導体設計企業ARMをあり得ないほどの高値で買収した。基本的には、何の経済的メリットもない買収だったのだが、それも、中国にARMの技術を移転するためだけに中国政府のフロントとして動いたものだという説明なら納得できる。

TSMCとファーウェイは、それぞれ台湾と中国で同じ年に創業し、表裏一体の関係として動いてきた兄弟のような企業である。ファーウェイ製品の半導体はTSMCが供給してきたし、TSMCが誇る半導体のFinFET技術はファーウェイと共同で開発されたものである。アメリカ政府からファーウェイに対する制裁がどんなに厳しくても、TSMCはファーウェイを支え続け、気がつけばファーウェイは通信企業として5G基地局の世界シェア一位の42・6％（2021年）まで飛躍したのだ。

そのファーウェイとＮＴＴは、歩調を合わせている。単に歩調が合っているだけではなく、ＮＴＴとファーウェイは同じビルに入って共同研究まで行っているのだ。日本が誇る通信インフラ企業のＮＴＴが、アメリカがスパイ企業認定する中国通信企業ファーウェイと親密なのである。

そのファーウェイが次に狙っている日本企業の技術は、ＮＴＴの光電融合技術である。

ＮＴＴは光電融合型の半導体技術を開発していて、ＩＯＷＮと呼ばれる世界一速い通信技術でシームレスに世界をつなぐ構想を進めている。このＩＯＷＮを推進して、アメリカを凌駕しようというのが澤田会長の真の狙いだ。このＮＴＴのＩＯＷＮという光電融合型の半導体技術を使った次世代型通信のソリューションは、アメリカ政府が推進しようとしている次世代型通信規格とは全く異なる独自のものであり、中国政府主導の通信規格のコア技術だ。

アメリカ政府からファーウェイに対する制裁を食らい、自由に動くことが難

しくなった中国政府は、国連の場でＮＴＴの技術を推進するように変わってい
る。ＩＯＷＮ技術を情報通信などの国際規格を定めるために国連の国際電気通
信連合（ＩＴＵ）に日本人が局長になるように後押ししたのは、ほかでもない
中国である。日本政府も尽力したが、日本政府の国際連合の場で影響力は小さ
いので、ほぼ中国のおかげだろう。

中国は５Ｇ通信でファーウェイを中心にすることに成功した代わりに、
ファーウェイに対しての制裁をアメリカから受けた。次は日本企業としてＮＴ
Ｔをフロントに使いたいと考えている。ただし、ファーウェイにＮＴＴを買収
させるとまたアメリカに睨まれ、５Ｇ通信の二の舞になるので、ＮＴＴを買収
して日本ブランドで世界の通信を牛耳ろうと画策している。そこで使えるの
が、ファーウェイと双子のように仲の良いＴＳＭＣという台湾企業だ。ＴＳＭ
Ｃの創業者モリス・チャンは中国生まれの共産党員で、共産党で訓練を受けて、
アメリカに渡り地位を高めた。そして、彼は取材でも「中国の夢を叶えるため」

に54歳で台湾に渡って、ＴＳＭＣを創業したのだ。彼の言う「中国の夢」とは、中国共産党が世界を支配することを指す。

ＴＳＭＣが必要としているのは、ＮＴＴが保有する光電融合型半導体技術だ。その次世代半導体技術が通信技術の要となっている。光電融合技術を合法的に得ようとすると、ＮＴＴ株式をＴＳＭＣなどの浙江財閥系の企業が買収するというシナリオが一番筋が通るだろう。そして、それを裏で推進しているのが経産省である。

経産省の半導体戦略のロードマップ「半導体技術のクリーンイノベーション促進」を見ると、「光配線化によるデータセンターの省エネ化、２０３０年Ｂｅｙｏｎｄ５Ｇ／６Ｇのオール光時代を見据えた光エレクトロニクス・デバイス、光電融合プロセッサーの開発も進める。」とあり、この技術を持っているのはＮＴＴくらいである。

光電融合型プロセッサーの開発はＮＴＴがインテルと共に取り組んでいたも

ので、その技術を狙っているのがＴＳＭＣである。ＴＳＭＣが「光電融合技術の分野でＮＴＴとシナジー効果がある」という建前でＮＴＴを買収するのであれば、それなりに体裁は整う。そして、光電融合技術をＴＳＭＣのものにすれば、ファーウェイを世界一の通信企業へと羽ばたかせることが可能となる。世界の通信を牛耳ることで、彼らは中国の夢をかなえることができる。

裏金議員と台湾ロビー

安倍元首相亡き後から、自民党の幹部が次々と台湾を訪問していることに気がついただろうか。安倍元首相が存命の間は幹部たちは遠慮していたが、亡くなったとなると話は違うということで次に首相を狙う議員たちが我先にと台湾訪問を行った。台湾が日本の首相を決めるキングメーカーのように振る舞っている。日本で首相を目指すと、いまや台湾詣では常識という時代になったということだ。過去を振り返ると、岸家、小泉家、河野家が政界であれだけ力をつけたのは、台湾ロビーが台湾バナナを台湾から輸入し、その伝票を御三家のペーパーカンパニーを通して一財を成したところから来ていることは、ある程度の当選回数を重ねた議員なら誰でも知っている。台湾バナナで一財を成した議員によって日本は支配されてきたので、この国は「台湾バナナ共和国」と野次られてもおかしくないだろう。近年では、台湾パイナップルを宣伝していた国会議員が次々と再選を果たした。台湾バナナに支配された国が、虫がわいているという理由で検品落ちした台湾パイナップルに支配される国となった。

本澤二郎氏著『台湾ロビー』（データハウス）でも、台湾企業が自民党議員のパーティー券をさんざん買っていることが描かれている。それだけの金を流さなければ、日本でここまで台湾が優遇され、TSMCだけが1・2兆円以上の血税を注いでもらえるなんてことはないだろう。いま、TSMCが誘致された熊本では、中華系不動産屋による地上げが横行し、中華街建設の準備が秘密裏に始まっている。

台湾ロビーの金の流れつく先は、反中派の議員が主である。反中とはいえ、ポーズだけで本当に反中国というわけではないのは、台湾人としてロビー活動を行っている人たちが中国大陸から渡ってきた外省人を中心に構成されているためだ。彼らは、戦後、蒋介石と共に台湾に渡り、台湾を支配した。台湾人がぼやいているが、台湾社会を支配するのは浙江省、江蘇省から渡ってきた中国人ばかりである。そのため、彼らは「善良な台湾人」として日本で活動し、反中、反共産党を装いながら裏で中国共産党を助ける活動を続けている。

その中心となっていたのが「国際勝共連合」。そこに参加していたのが岸信介、笹川良一、蒋介石だった。蒋介石は共産党と闘うのを装うことで一財を成した人物なので、この活動の中心にいるのは当然だ。

自民党右翼議員は、「国際勝共連合」からも多くの金を借りていたことが自治省資料にも表れている。そして、国際勝共連合のバックにいるのが統一教会だったことを考えると、統一教会が自民党内部に巣食っていたのも腑に落ちると思う。日米安保条約を結ぶ際に学生運動を暴力で弾圧したのは、機動隊だけでなく、勝共連合に関わった重要人物であったことも意外と知られていない。彼らが、私たち一般国民以上に、政界に影響力を持っていたことは間違いなく、多くの国民が反対した日米安保条約まで締結させたのだ。彼らは、自分たちの息がかかった人物を政界に送り込むために、選挙のたびに大人数の信者が動員されていた。

統一教会を韓国の勢力だと信じている人も多いだろうが、実際、彼らは韓国よりも北朝鮮と連携している。日本でだまし取った資金の多くを彼らが北朝鮮に流してきたところからも、彼らが韓国以上に北朝鮮に思い入れを持っていることが伺えるだろう。そして、戦後、蒋介石と共に台湾に渡った中国人は北朝鮮と連携して、「親台湾・嫌韓プロパガンダ」を推進している。統一教会と蒋介石が作った勝共連合の教義にあるのは、「日本は生活水準を3分の1に減らし、税金を4倍、5倍にしてでも、軍事力を増強してゆかねばならない」「朝鮮半島を突破口に第三次世界大戦が必ず起こらなければならない」というもので、これが安倍政権時代に消費税を二回増税した動機となっている可能性は否めないだろう。

今の日本は、統一教会を解散させようとしているが、解散しても自民党内の彼らの勢力を弱体化させられるかどうかは分からない。その理由は、自民党の秘書会には数多くの統一教会信者がいる。筆者が自民党安倍派の議員秘書に連絡すると、数時間後にはその内容がソーシャルメディア上で匿名アカウントを運用する中国人チームに漏れている様子が幾度となく見られた。彼らが統一教会だとすれば、反中国を装いながら中国を支える活動をしているのも理解できる。

ここから浮上するのは、統一教会は単純な韓国勢力ではないということ。彼らは、北朝鮮にもつながり、また、台湾ロビーの中枢でもあるのだ。

台湾半導体企業のペテン

今の日本の政界で最も影響力の強い国は、アメリカでもなく、中国でもなく、台湾である。それが、如実に表れたのが半導体向けの助成金だ。日本の半導体助成金の殆どは、台湾半導体大手ＴＳＭＣに注がれたのだが、議会で審議もなしに、そしてＴＳＭＣと日本政府の間で何の契約もなしに４７６０億円の血税を注ぐことが決定されたのだ。契約も何もないので、ＴＳＭＣの熊本工場で製造される半導体は日本企業に供給されることは義務づけられていない。

ところが、当時、これに関わった経産大臣時代の萩生田議員は逆のことを言っているわけである。２０２１年年10月15日に報じられた日経新聞「ＴＳＭＣへの補助金支給『複数年度で』　経産省が表明」の記事では、「萩生田経産相は『半導体をあらゆる分野に使われる産業の脳、安定供給の体制構築は、安全保障の観点からも重要だ』と強調した。

　経産省は新エネルギー・産業技術総合開発機構（ＮＥＤＯ）に基金を設け、複数年度にわたって補助金を出す案を検討している。国内に優先出荷する義務を課し、日本から撤退する場合は補助金を返してもらう仕組みにする方向だ。」とされている。

　当時、萩生田議員は、「国内に優先出荷する義務を課す」としているが、参政党の神谷宗幣議員が出した国会質問主意書に対して、政府は逆の回答をしているのだ。政府公式見解は、「国内優先供給を行なうことは国際協定違反となるためできない」としている。萩生田議員は、そのつもりもないのに日本に優先供給するからと嘯《うそぶ》いて、巨額の金を契約もなしに台湾企業にプレゼントしたのである。

しかも、最先端の半導体技術で日本は遅れているので最先端技術を持つTSMCを誘致すると言いながら、旧世代の半導体工場を建設したのだから、税金の無駄遣いとしか言いようがないだろう。

この議員は、最も統一教会とズブズブだった人物で、裏金ランキングでも上位に入っている。自分の都合で支持者との約束を何度も反故にしてきた経緯もある。

既に、TSMCは熊本で工場を立ち上げた。

半導体工場は大量の水を汲み上げ、大量の汚染水を垂れ流す。日本企業は半導体製造に使った汚染水を綺麗に除害してから排水するが、台湾の半導体企業は汚染水をそのまま垂れ流して、台湾現地では健康被害が深刻である。

そして、熊本県はその環境問題を隠蔽するのに必死なのだ。2023年4月に熊本で水サミットが開催されたのだが、なんと熊本県は、水サミットに来る環境活動家対策として、坪井川を汚染する白い泡が見えなくなるように、上流に泡の濾過装置を置いて、水サミットに来た人たちを騙すというペテンを成し遂げたのだ。

それだけではない。熊本は地下水が減っているというのに、TSMCが大量の水を汲み上げるという点が批判されると、大雨の日の翌日に地下水量を調査して「熊本県の水は増えている」と発表したのだ。その陰で、熊本市は市民に節水を求めているのだから、彼らのやっていることは「台湾ファースト、市民セカンド」だという姿勢がよく分かる。

さらに、熊本県は、これから大量の水を汲み上げる企業は、その分涵養《かんよう》（地下に水を染み込ませるためのコンクリートでおおわれていない地面）を増やせば、環境アセスメントを受けなくてもいいと主張して、環境アセスメントを緩和した。これはTSMCの第二工場を建設するのに、アセス逃れの法の抜け穴をつくるために条例を変えたということだ。台湾ロビーの力は法律から条令までお手のものだ。

ところが涵養を増やすといっても、土地には限りがある。熊本の菊陽町は工業用地や住宅地にする土地すら足りないのに、涵養を増やすだけの土地があるはずない。実質的に、涵養を増やすには住宅地を畑にするか、工業団地をつぶして畑にする以外に道はない。ところが、熊本県は、企業が熊本の野菜を買うか、熊本の地下水財団に寄付をすれば、涵養をしたとみなすという仕組みをつくったのだ。熊本の野菜を買うのは熊本県知事が懇意にしている団体から、熊本の地下水財団とは熊本市長と熊本県副知事が理事長、副理事長を務めている財団だ。ようは、台湾企業に、水問題は金で解決できるようにしてあげるからヨロシクねと言っているのだ。

熊本県に、涵養を増やす代わりに、企業が熊本の野菜を買ったり、地下水財団に寄付をしたりするだけで涵養が実質的に増えるのかと質問をしたところ、「実質的に増えることはない」という回答を得た。県は自分たちのウソを分かってやっているのだ。このように日本は、国家の中枢から地方まで、どっぷりと台湾利権で虫がわいている状態なのである。

技術はTSMCへ

台湾の息がかかった議員が悉く、「NTT法には研究成果の開示義務があるからけしからん」と主張しているが、これもペテンである。

TSMCやファーウェイにとっては、NTT法に規定された「研究成果をモノやサービスとして普及させる」という責務が邪魔なのである。なぜなら、NTTが技術を普及させるための手段が「特許の取得」であるためだ。だからこそ、この条文をまず改定させたいという思惑がそこにある。

アメリカの犯罪分析手法の一つに「クリミナルマインド分析」という、犯罪者の心理や思考を分析するものがある。知財泥棒を生業《なりわい》としてきたインテリヤクザの思考からすると、NTT法における研究成果の普及責務が、NTT技術を盗もうとしている台湾企業にとって邪魔なのである。この法律がある限り、NTTは自社で研究開発した技術を特許申請しなければならない。そうすると、台湾企業や中国企業がNTT株を買収して企業秘密を知っても、先にNTTの技術として特許を取得されてしまうと、自分たちのものにできないというデメリットがあるためだ。こうやって犯罪者の思考を考えれば、彼らが「研究成果の普及責務」がNTTの権利を守るためのものであるにもかかわらず、「NTT法の研究成果開示義務が国益を損じる」と捻じ曲げて議員らに説明させて潰したいのも理解できるだろう。

彼らが今狙っているNTTの技術は光電融合技術である。技術の内容については、拙著『量子コンピュータの衝撃』（宝島社）をご一読いただきたい。

NTTが持っている光電融合技術とは、シリコンフォトニクスと呼ばれる最先端半導体技術のことで、これが普及するとNTTはデータ伝送の世界では世界でトップに踊り出すことができる。それをＴＳＭＣが欲しがっているのは、報道からも見て取れるが、ＴＳＭＣはシリコンフォトニクスの技術で、チャットＧＰＴをもっとパワフルにすることに賭けていると報じられている。ところが、そもそもＴＳＭＣは単なる製造工場で製品を持っていないので、リコンフォトニクスの技術を持っていなかったはずである。いま、彼らがこの技術を研究しているとなると、その出所はＮＴＴくらいしかないのだ。

だからこそ、彼らはやたらＮＴＴにアプローチをしてきたのである。

ＴＳＭＣ・ファーウェイ帝国という中国の夢を世界で完成させるために、萩生田議員はＴＳＭＣに１・２兆円以上の血税を契約なしに寄贈し、ＴＳＭＣが２ナノの技術が欲しいと言えば、自らアメリカに飛んで行きジーナ・レモンド商務長官に対して２ナノの技術をくださいと頭を下げてきた。そして今回は、ＴＳＭＣからＮＴＴのシリコンフォトニクス技術が欲しいと頼まれたら、ＮＴＴ法を廃止する準備を始めるという体たらくである。

靖国神社に参拝して愛国保守だと賛美されてきた政治家が悉《ことごと》く裏金や統一教会と絡んで台湾利権を作り上げてきた。

これが台湾バナナに侵された日本の末路である。

利権政治は日本を潰す

萩生田議員が提唱したＮＴＴ法廃止だが、そのストーリーは二転三転している。

防衛費が足りないのでＮＴＴ法を廃止してＮＴＴ株を売り、防衛費を賄って国を強くするという主張からそれは始まった。ＮＴＴの通信インフラは防衛資産なので売れば逆にリスクが増すと反論されると、経済安全保障を守るために「研究成果の開示義務を課すＮＴＴ法を廃止する」というウソにすり変わり、最後は、防衛財源のためにやはり増税を行うという流れになっている。

安倍派のお抱え言論人に、ＮＴＴ法は固定電話のための法律であって時代に合わない、研究開発の研究成果の公開義務があり、経済安全保障上の観点からもスパイに技術を盗まれないためＮＴＴ法を廃止したほうが良いという真っ赤な嘘を新聞に寄稿させている。

ＮＴＴ法に固定電話を普及するための条文や研究成果を開示する義務は存在しない。これらのウソにはＮＴＴ法を廃止して株を外資に売り、外国人を社長にして、外資に40兆円の通信インフラ資産を、二束三文で売り飛ばそうとする裏金議員らの魂胆がミエミエである。

萩生田議員は、その権力を使って他の競争事業者を排除したうえで、半導体不足を補うためと、外資のＴＳＭＣに４７６０億円と７３５０億円の合計１兆２１１０億円を助成を決定した。自動車産業の半導体が足りなかったのは事実だが、半導体不足解消のためにつくられた補助金は、車載半導体を製造している旭化成やルネサスには流れなかった。

車載チップ不足の犯人はその7割を牛耳るＴＳＭＣであることを業界の人間は分かっている。ところがＴＳＭＣは日本の自動車メーカーより、中国のファーウェイが必要とするＩＣＴや、ＨＰＣ（他のコンピュータをはるかにしのぐ速度でデータを処理し、計算を実行できるソリューション）のチップに製造を変更したので日本国内で半導体チップが不足したのだ。

その間、ファーウェイやフォックスコンはＥＶ車の製造ラインを強化し、日本が製造減産した分だけ中国の自動車製造台数は倍増した。日米欧で自動車用チップが不足していた時期に、中国では自動車チップが余っていたのである。それができるとすれば、製造の7割を牛耳るＴＳＭＣ以外にはないのである。

最終的に、中国に製造を移管すれば車載チップを供給すると言われ、日本の自動車メーカーは国内から中国に生産を移し始め、ホンダのオデッセイはメイドインチャイナとなった。

ＥＶ車はガソリン車の約3倍の半導体が必要なはずなのに、半導体不足の最中、中国ではＥＶ車の生産が2倍、3倍にまで急増している。その一方で日本のガソリン車は半導体不足で減産してきたことを振り返れば、この意図的な半導体不足は、下手すると、日本の自動車産業を潰す目的での供給もあったのではないかと考えられるのだ。

日本政府もそれを分かっていながら、裏金議員たちの私利私欲のために半導体不足の犯人ＴＳＭＣに国民の血税を流し込んだ。そして、なぜ外資だったのかということだ。

外資企業の口座に血税が入ったあと、本社の持つ海外口座に資金が移されれば、その後どこに行ったか分からなくなる。管轄が複雑になるため国税庁も東京地検も外資にはメスを入れにくい。だから、日本の裏金議員たちは、日本企業を助けるということには全く関心すら持たず、外資だけに興味を示すのだ。

NTT私物化を許すな

ＮＴＴ法廃止に向けて自民党は全力を尽くしている。２０２３年12月22日に開催された総務省の委員会をオンライン傍聴したが、「ＮＴＴ法廃止ありき」で進められている委員会で、御用学者しか参加していなかったのか、反対派の声は一つも上がらなかった。

酷いことに、22日の委員会開催の告知がなされたのが三日前の12月19日だったのだ。

20日に筆者がその告知を見つけた時点では、満席で申し込みを締め切っていたのである。そこをなんとかと、色々な手段を講じて参加してみると、委員会の開場はガラガラだったのだ。傍聴席にほとんど人がいないのに、総務省は応募を締め切っていた。クローズドで賛成派の御用学者だけで委員会を開き、反対派には会議の様子を見せないようにして、シャンシャンと終わろうとしている魂胆が丸見えだった。

ＮＴＴの島田明社長は、国際競争力を持つためにＮＴＴ法を廃止にしないといけないと主張している。起業家の自分から言わせれば、そんなに国際競争をしたいのであれば、島田社長がＮＴＴを辞めて自分の実力でベンチャーを起業すれば良いだけの話だ。国民から騙し取った電話加入権を返さずして、ここからＮＴＴの40兆資産を私物化して「国際競争をしたい」など、そんな虫のいい話はないだろう。

ＮＴＴ法廃止を進めている仕掛人は、ＮＴＴ副社長で元安倍首相秘書官の柳瀬唯夫氏と萩生田議員だといわれている。安倍氏の元秘書官らは、10社ぐらいの顧問になって平均80万から１００万円ぐらいの顧問料をもらい、年収が億になった人もいると言われているが、それでも彼らは足りないようだ。

取材に来たメディアや国民を騙すために反対派を排除した形で審議会を開き、御用学者らにまことしやかにＮＴＴが古い法律のために苦しんでいるかのような嘘を流させる。この委員会に、他の通信事業者らは一切招かれていなかった。

そもそもＮＴＴ法廃止にまつわる委員会で、ＮＴＴ株は誰に売却されるのかという本題には一切触れられていない。そして、ＮＴＴの通信インフラがどこに行くのかという話も一切語られなかった。

そして通信インフラは誰のものかという点も一切触れられなかった。触れられるはずがない。それに触れたら、ＮＴＴを私物化して40兆円にまで膨らむ隠し資産を私物化するという目論見がばれてしまうからだ。

ここで強調するが、ＮＴＴの通信インフラは「国民資産」である。ユーザーとして、施設設置負担金を投資してつくりあげたのだから、ＮＴＴがどんな言い訳をしようと国民資産である。血税でつくられたのではなく、国民が直接払い込んだのだから国有資産ではなく、国民資産と呼ぶべきものだ。

日本国民がお金を払って固定電話の加入権を得たものを、政治家が私物化しようとしているのを許していいのか。永田町では、このＮＴＴ法廃止をリードしているのは萩生田議員だと誰もが知っているのだ。

国民として、これ以上、裏金議員による国民資産の私物化を許してはならない。私たちに必要なのはアクションである。

第六章　電話加入権を返せ

電話加入権は我々の財産だ

私たちは、ＮＴＴ私物化に向けた政治家とＮＴＴ幹部の暴走を止めなければならない。そうしなければ、この国の未来が危ういということには間違いないのだ。

彼らは、ＮＴＴによる電話加入権という三店方式ペテンで国民から金を巻き上げてきた。その総額たるや４・７兆円、国民資金でつくりあげた通信インフラを我が物顔で私物化する動きを絶対阻止しなければならない。

そもそも、施設設置負担金を払って固定電話加入権が別途ついてくる形になっていると認識していた国民がどれだけいるのだろうか。固定電話加入権は帳簿に乗せて相続税まで取られるのに、「国税局が勝手にやったことで、金銭的価値はない」という説明に納得がいくだろうか。

ＮＴＴの施設設置負担金と固定電話加入権を切り離しているのかセットにしているのか、曖昧な説明のままに国民からお金を巻き上げてきたことは間違いない。そして今更のように「電話加入権には金銭価値がない。解約してもお金は戻らない」と説明を受け、私たちが持っている債権を０円にして誤魔化そうとしている。その一方で、通信インフラを売り飛ばして、自分たちは私腹を肥やそうとしているのだ。

私たちがＮＴＴの「固定電話加入料」を払ってきたのは、彼らが国家から特権を与えられた独占企業だからであり、国家という「信用」がバックにあったためだ。単なる私企業であれば、信頼して資金を出したりすることはなかっただろう。

そういう意味では、ＮＴＴは国家とグルとなって、一大詐欺を国民に対して行ったのである。

――私たちは騙された。

NTTは、私たちに対して電話加入権に金銭価値があるように装って、私たちから4・7兆円も巻き上げたのである。しかも、私たちが払ったのは「施設設置負担金」であって、電話加入権ですらないという。施設設置負担金―電話加入権―電話番号という複雑な三店方式の仕組みをつくりあげ、独占企業という地位を利用しながら法的な責任を回避して国民の金を巻き上げてきたのだ。

総務省に問い合わせたところ、4・7兆円の財産目録は存在しないという。NTTは最後まで私たちの4・7兆円でつくりあげた通信インフラの存在を隠ぺいし、私物化しようとしているのが実態だ。

無論、メタル回線は赤字で負担が重たいからやめたいとNTTが主張しているのもペテンである。本来なら、「電話加入権」として証券であるかのように国民に売りつけられてきたものが、本来あるべき形のファンドで運用されているなら、この通信インフラで国民みんなが「大儲け」できるためだ。

これが、仮に「電話加入権ファンド」という証券なら、それで建設された土地約17・3キロ平方メートル、約7000棟に及ぶ局舎、約650キロメートルにわたるとう道、約60万キロメートルに及ぶ管路、約1190万本の電柱は、全て「電話加入権」ファンドの保有者である私たちの国民資産だったはずなのである。不動産価格だけでも時価で換算すれば、巨額資産だと分かるはずだ。

そうなると、光ファイバー網は固定電話加入権で敷設されていないとしても、メタル回線と同じ60万キロに及ぶ管路や650キロメートルのとう道、7000棟の局舎の「インフラ利用料」や「賃料」をNTTは「電話加入権ファンド」に払わなければならないのだ。その「インフラ利用料」は、年間

1000億円は取れるだろう。そのお金を固定電話加入権にお金を出した個人に配当せずに、ネコババしているのがNTTだ。

そうやって、一番コストがかかる管路、とう道、局舎を個人に負担させるために、NTTは国民に対して「あなたには電話加入権という権利がある。転売できるし、解約時にお金は戻る」と証券さながらのことを言って販売してきた。その一方で、きちんと証券化することもなく、配当も何もなにもないまま権利関係までうやむやにしてきたわけだ。

これを取り戻すには、皆さんの権利を訴えるしかない。権利を訴えるには仲間が必要だ。現在、「NTTに電話加入権返金を求める会」を設立した。NTTに電話加入権4・7兆円を全額被害者に返金するか、あるいは、その資金でつくられた通信インフラを全て国民資産として別に管理するように求めよう。電話番号取得のためにお金を払わされた被害者が既に600名以上集まっている。是非とも、皆さんもメルマガに登録していただき、共にNTTに対して、電話加入権返金を求めよう。筆者はＮＴＴに国民資産返却を求めて「ＮＴＴに電話加入権を求める会」を立ち上げた。会費は不要なので、お気軽にご登録ください。仲間が集まれば集まるほど、私たちは勝利に近いのです。

黙って指を咥えて国民資産が奪われるのを見過ごしてはいけない。できることからアクションを取ろう。

「ＮＴＴに電話加入権返金を求める会」
登録はコチラ　https://mailchi.mp/fukadamoe-info/nttact

第七章

元総務大臣　原口一博議員との特別対談

NTT法廃止議論には二つの嘘がある（ライブ対談より）

原口　今回NTT法廃止の件、先日、国会へ質問主意書を提出しました。絶対に阻止しなければと思っております。

深田　先生の質問主意書を拝読しました。原口先生の鋭い質問は見事でした。政府回答を見る限り、政府は、NTT法が固定電話のための法律ではないということが分かっているようにも見えましたね。

原口　NTT法廃止は究極の売国政策ではないでしょうか。深田さんが挙げているNTT法廃止議論の争点も非常に興味深い。

深田　はい、二つの嘘の議論があります。
　まず一つはＮＴＴ法というのは固定電話のための法律であるという嘘。これは、原口議員の質問主意書で明らかになりましたね。
　もう一つは、ＮＴＴ法によって研究成果の公開が義務づけられているので知的財産を守れず、スパイ問題が生じるという嘘。この二つの嘘があるのですよ。

原口　僕は、昔、総務大臣だったので、そのあたりはよくわかっています。よくそんなことを言えたものだと呆れます。

深田　素晴らしいです。ＮＴＴ法の第１条の目的をはですね、「日本電信電話が東と西でそれぞれが発行する株式の総数を保有し、これらの株式会社による適切かつ安定な電気通信役務の提供の確保を図ること並びに電気通信の基盤となる電気通信技術に関する研究を行うことを目的とする株式会社とする」となっていて、これは決して固定電話を普及させるとか、研究成果の開示を義務づけるものではないのですよ。

総務省に問い合わせたら、この第3条の責務ですね。この責務を見ると、「会社及び地域会社はそれぞれの業を営むにあたっては、常に経営が適切かつ効率的に行われるように配慮し、国民生活に不可欠な電話の役務のあまねく日本全国における適切、公平かつ安定的な提供の確保に寄与する」というこの部分が固定電話のための法律なのだと言っているわけですよ。

嘘ですよ。固定電話のために法律があり、固定電話を普及させるために、ＮＴＴはメタル回線と呼ばれる地下に必要とされる回線を維持しなければならないから、それが赤字の原因になっていると事実と異なる主張をしています。通信インフラの維持で赤字になるというわけです。それに対して、他の通信事業者は、このＮＴＴの保有する通信インフラを「特別な資産」と呼んでいます。それは、この通信インフラが地下に張り巡らされているためです。この通信インフラを築き上げるためにはものすごいお金がかかるわけです。穴を掘ってトンネルを作って、そこにメタルの回線とか光ファイバーなどを敷設して、その上にさらには電柱を立てて、ラストワンマイル、ビルや住宅まで引っ張っていくわけです。

原口　そうです。多くを国民の負担で賄ってきたのですよね。

深田　そうなのです。電話の加入権を払わせて国民負担で構築していて、NTTはこの加入権のお金を返すと言っていたのに返していないわけですよ。いわば、詐欺みたいなものですよ。これは国家の信用が後ろ盾としてあるので詐欺として訴えるのが難しいだけで、完全に民間企業となったら時に詐欺で訴えられて。加入権を全部金返せと言われたらどうするのですかという話です。

　しかも、NTT法が固定電話のためと言っている割には、NTTはもう来年の1月早々に固定電話はやめますと言っているので、矛盾しているのですよ。

原口　そうです。だってもう、いま光回線に変わっているし、この通信インフラは固定電話のためだけではないのですからね。

深田　そうです、固定電話のためではないのです。NTT法の目的は電気通信サービスの普及なのですよ。固定電話の普及ではないのです。

原口　だから「あまねく日本全国における」と書いてあるわけですよね。

深田　はい、そうです。法律には、「電話サービスの普及」であって、固定電話とは書いていないわけです。IP電話でいいわけですよ。携帯電話でもいいですし、光でもいいんです。だからNTTの役目としては、携帯通信事業者に対してそのベースとなる通信インフラを提供していることで、もうすでにこれは達成されていますし、IP電話、光ファイバーによるサービスでも達成できているわけなのです。

だから、まず第一の議論、固定電話のための法律は古いという嘘を、大臣が言う。馬鹿だと思われますよね。それを平気で言う時点で総務大臣である資格がない。

原口　そう思いますね。僕は高市君が総務大臣時代だった時にも、もうこの人は総務大臣として大丈夫かと心配になりました。だって自分がトップだった時代の総務省の書類を捏造だと主張していましたからね。あれもやっちゃうわけです。あれは跳ね除けなければいけないのです。

深田　確かにそうですね。そしてもう一つの嘘に行きましょう。「電気通信技術に関する研究の推進およびその成果の普及を通じて我が国の電気通信の創意ある向上発展に寄与」という部分を、研究成果の開示義務という風に言っているわけです。

これも、とんでもない嘘です。

原口　何て言うのかな。下心がミエミエでしょ。

深田　ミエミエなのです。私もＮＴＴとお取引をさせていただいていました。ＮＴＴの研究成果を無料で教えてもらったことは1回もありません。普通の日本の大企業と同じで、秘密保持契約を締結しても中小企業には何にも教えてくれずに、逆に、こちらの知識やノウハウを吸い上げていくのがＮＴＴです。

ＮＴＴにある30兆円以上の隠れ資産

原口　ＮＴＴの巨大な研究所が三鷹と横須賀にあります。僕は若い頃、未来工学研究所というところに入って、昔の電電公社時代のデータ通信本部と仕事していたから、よく覚えています。ＮＴＴは巨大なコングロマリットであり、巨大な研究施設なのです。それは守らないといけない。逆に言うとね。要は、ＮＴＴ法廃止を推進する議員らは、一部の人たちに儲けさせよう。自分たちがまた裏金を取ろうとその意図が浮上していますね。

深田　そうなのですよ。なぜこの研究成果公開義務というのが嘘かと言えば、証拠は特許です。ＮＴＴは既に約２万件も特許を取っているわけです。本当に技術を公開していたら新規性がなくなるので、特許が取れないはずなのですよ。

原口　そうです。研究成果の開示義務なんてあれば、既にＮＴＴは潰れています。

深田　潰れています。だから、研究成果を無償で開示したことなど全くないのです。この言葉の意味は研究成果をサービスとして対価をいただいて提供していくという意味なので、開示義務ではないのです。

先生が今おっしゃった通り、ＮＴＴの埋蔵金を自民党が狙っているのですよ。自民党というか外資が狙っています。

原口　要するに外資が狙っています。自民党さんには申し訳ないけど、僕も30年前自民党にいたからわかります。もうとにかく、外資の傀儡《かいらい》なのですよね。どこかから指示が来て、うまそうな埋蔵金がまだ残っているから、ちょっと生贄に差し出せという話が持ちかけられているのだと僕は勘ぐっているのですけどね。

深田　その埋葬金は、この「特別な資産」ですよ。先ほどお話をした電話加入権での国民負担で構築された通信インフラですね。これ30年ほどかけて25兆円の規模の設備投資が行われているのです。これが現在価値で40兆円なのですよ。

原口　まあ、もっとだと思いますね。40兆円でも、少なく見積もってというところじゃないでしょうか。

深田　少なく見積もって40兆円だと思います。いま人件費が高騰している。回線の素材などが不足している関係でもっと高いと思うのですけれども。ところが、これ帳簿を見ると約10兆円程度しか資産計上されていないのですよ。減価償却されているのですよね。ということは30兆円の含み資産があるのですよ。隠し資産がそこに隠れているのですよ。

原口　40兆円だとしても、30兆円分の含み資産があるわけですね。

深田　資産がそこに隠れていて簿価に載っていない。不動産などは昔の地価で計上されてしまっているので、帳簿からは見えないんです。でも、現実として、土地や設備を現在価格にすると、価値がそこに隠れているわけです。

私は20代後半に外資ファンドでインターンのアナリストをしていましたから、上場している企業が持っている隠れ価値を試算してレポートにする仕事をしていたので、これが濡れ手に粟の企業売買の準備に見えて仕方ないんです。

原口　すごく面白い。デューデリをやっていたのですね。

深田　デューデリというか、アナリストだったので、企業が保有する資産の含み益などの分析を担当していました。

原口　でも、それがなければデューデリはできないでしょう。

深田　最終的にはそうです。外資企業やファンドが含み資産を隠し持っている日本の古い会社が狙われているということを経験上理解しております。外資にとって美味しい取引（ディール）の最たるものがＮＴＴ買収です。

原口　いや、おっしゃる通りで、もうむちゃくちゃ美味いですよね。美味しいのですよ。美味しいからこそ、法で守られている。ところが、法を改正する立場にいる売国奴に狙われると、それがものすごく脆弱《ぜいじゃく》なのですよね。

深田　本当に脆弱なのです。本来であれば保守派と言われている人たちが「この国の通信インフラは防衛インフラの最たるものです」と主張すべきなのに、知らん顔しています。

原口　そうです。防衛インフラの最たるもので、だって今回のウクライナの戦争を見ても、最初にサイバーからやられたわけじゃないですか。それを勝手に売り渡すというね。これ某議員案件と呼ばれています。実は僕は3カ月前に自民党のある心ある友人から言われて、これだけは絶対に阻止するからなと言われたのですよ。

深田　本当おっしゃる通り。これ言い出したのが某議員なので、彼の案件なのですよ。なぜ彼がゴリ押ししているかというと、彼はこれ以上の出世の道がないわけなのですよ。それで彼は焦っているのです。焦って、国鉄民営化の時にJRの葛西氏がJR東海をつくって葛西帝国をつくりあげたようなものを目指しているんです。国鉄の末端は赤字で、その赤字を真ん中の新幹線で賄ってきたのを切り離して、JR東海が大儲けできるようにした時のように。

原口　真ん中だけが無茶苦茶利益を上げていたから。昔、新幹線特会というのがあって、新幹線の真ん中区域、いわゆる東京―大阪間で儲けた利益を地方に分配する。例えばＪＲ東海が大儲けした利益を、ＪＲ九州に移さなければいけないという法律さえあったのですよ。

深田　そうですよね。だから、その利益を独占できるようにＪＲ東海をつくって、葛西氏はＪＲ東海の会長になって、それを原資にしてずっと自民党の一部の議員を仲良く支援していたわけです。それなりの金がメディアなどにも流れていた。ＪＲの葛西氏は愛国者で立派な方だとは思います。だからといって、メディアでいろいろな偏った言説を流したりして、一部の議員だけをかなり優遇するのは、偏りすぎていたのではないのかと思います。

原口　僕は蛇蝎のように嫌われて、ＪＲ東海の雑誌に当時仲良かった橋本さんと一緒にターゲットとしてやられましたものね。地域試験改革というのをやろうとして。もう亡くなった方だから、これ以上言いませんがね。

深田　裏金議員たちは何を考えているかと言えば、子会社ドコモの１兆円利益でしょう。ＮＴＴ自体はですねそんなに儲かっていないのです。ＮＴＴが13兆円の売上で１兆円の利益があると言っても、この１兆円はドコモから来ているのですよ。ドコモは本来だったらＮＴＴの子会社になれないところを、当時の経営陣がかなり政治家を接待してゴリ押しして子会社にしたのですよ。

原口　ああ、そうなのですか。そこは知らなかった。だって昔ドコモはＮＴＴのグループの中でお荷物だったのですよね。でもそれがものすごく頑張って、僕の時は山田さんというすごい社長だったのだけど、ドコモをとかくNTTから切り離そうとしていました。それこそ自由にしないと、また古い官僚体質というか自民党のタカリ体質で翻弄されるのではないかと危惧していました。

深田　本当、おっしゃる通りです。JRの葛西会長が国鉄民営化で葛西帝国を築いたように、NTTを完全民営化して株を放出したら、ドコモの毎年1兆円の利益が政治家とNTT幹部の望むがままになる。その資金で、自民党の某グループの議員らが肥え太るというね。

原口　もう、本当に何かどこまでも呆れ果てます。

深田　裏金族がNTT法を廃止する目的は権力を握る資金か、退職金代わりにしようとしてるのではないかと私は疑っています。

原口　やめて欲しいですね。日本の通信インフラが他所に買われるということですか。何かあったら、有事になったらもうそこを押さえられて降参するしかないという話じゃないですか。

深田　そうなのですよ。本当にご指摘の通りで、このNTT法の14条で電気通信幹線ですとか電気通信インフラを譲渡したり、担保にしようとしたりする時は総務大臣の許可を得なければならない。この規定のために、NTT法を廃止したいと言っているのではないかと疑っています。

原口　だから、もう要するに売り渡しますよっていうね。

深田　そうです。全力で売り渡しますよと議論をしているようにしか見えないのです。

原口　それで功労者で退職金をもらって、外資系の企業で重役か何かになるのでしょうね。

深田　そうでしょうね。何の能力もないのにそうしようとしているのでしょうね、本当に。

原口　このライブ対談にコメントをくれた人が、反日、反社、売国ということだなと書いてあるけど、その通りだなと思いますね。

郵政民営化は大失敗だった

深田　普段は、楽天やソフトバンクの主張に首をかしげることも多いのですが、今回は楽天、ソフトバンク、ＫＤＤ

Iの主張の方が真っ当です。

原口　彼らもできたら、独自で研究所をつくってやって欲しいのだけれど、実はなかなか難しい。研究開発はNTTの三鷹と横須賀にあまりにも集中しすぎてしまっている。その研究の成果はあるのだけど、そこに宝の山が眠っているのに目をつけて、外資に売り飛ばすのはどういう了見を持っているのかなと思います。

深田　そうですね。民営化するのだったら、電話加入権のお金を全額返しなさいと返還命令を国が出すべきだし、NTTにそれできないのだったら、電気通信インフラの部分だけ切り出して国有化すべきなのです。

原口　でも切り出してしまうと、上下分離すると逆に、そのインフラに行くメンテナンスのお金がやはり減るのですよね。だからこれ一体でないといけなくて、バラバラにして良かったものではないのですよ。国鉄だってそう。国鉄もバラバラにしたし、NTTもそうだし、郵政もあんな分社化ありきの民営化したために、もう今ボロボロですもんね。

　だから郵政で例えを出すと、シンガポールテレコムとかシンガポール郵便というのはテマセックというコングロマリットファンドの、政府系のファンドの上に立っていて、外資に食われないようにしているんです。

　ところが、日本のこの30年の保守と言われる人間は、日本の国民の資産を売り飛ばして食い散らかされたわけです。だから日本は弱くなってしまった。

深田　はい、本当、おっしゃる通りです。

原口　日本の国会に本物の保守がいるか怪しいです。彼らは保守の顔をしているけれど、行動を見ると売国なのです。

深田　靖国神社を参拝すると、愛国保守に見えるというスキームを、小泉元首相がつくりあげたためですよ。

原口　あれで逆に、変な風に曲がっちゃったのですね。僕も『正論』とかに論文を書いたけれど、まあ本当にひどいですね。小泉氏が壊した日本ってどれだけ大きいか分からないです。

深田　結局、いま愛国保守としてブランディングしている議員たちは、小泉氏の手口を踏襲しているように見えます。

原口　しかも国民の一部をB層とバカにして、B層の人はどうせ分からないだろうからとウソの言説まで流す。やはりテレビだけ見ている人は、あれが改革だと思っちゃうのですよね。

深田　本当に、だからこそ、視聴者には冷静に考えて欲しいと思います。郵政を民営化して何が愛国だったのですか。何かいいことありましたか。冷静に考えてほしいと思ったのですよ。これは２００７～８年でしたか、あの時に本当にいろいろな人と議論しました。

原口　あの時、小泉さんとそれから竹中さんは紙芝居をつくったのです。郵政を民営化すればどんなに年金も良くなる。景気も良くなる。財政も良くなると。僕と安住（淳）君はその逆のあすなろ村の惨劇という、今も残っていますけど、紙芝居で対抗したのですね。残念なことに僕らの書いた通りの郵政になった。土日はもう集配していないでしょ、僕らの予想通り。

深田　本当です。最近、郵便サービスは下手すると、1週間から10日ぐらいかかるのですよ。

原口　そうです、人手不足ですしね。

深田　そうなのです。だから最近、私はレターパックばかり使っています。ちなみに、アメリカは郵便を民営化していないんです。赤字事業だから、サービスを維持するために断念したんです。アメリカでも民営化していないのに、あたかも世界中で郵便は民営化するのが当然だというウソをプロパガンダで流して、小泉元首相はかんぽと郵貯という莫大な資産を国民の手から奪ったのです。

原口　そう、僕は未来研究所で、その巨大な郵政マネーで研究させてもらっていたのですよ。あれは別に国民の税金じゃなくて三事業から上がってきた金だったのですよね。

まあ、本当に。だからこの今日も例の裏金問題で、誰がどうなのか分からないけれども、一掃するチャンスですね。

深田　はい。ただし、東京地検が裏金問題で本当に議員逮捕まで漕ぎつけられるか心配しています。

原口　確かに検察も行政の一環ですから、圧力には弱いのです。ただ、国民の皆さんに愛国保守と自称する議員らが一番危険なのだと、嘘ばかりだと知ってもらいたい。本当の愛国者は自分を愛国者とは言わないのです。

深田　言わないですよ。厚かましいので言えないですよね。謙虚さがないじゃないですか。自分のことを愛国者ですって。

原口　大和心がない愛国者なんかありえないのです。いや、でもこのNTTのことにいち早くこうして声をあげてくれたのは深田さんなので、さすがだなと思いますよね。

深田　私は通信の仕事をしていたので、NTTの経営者とも毎月情報交換してきましたのでピンときました。ただ、やはり残念なことにNTTの入っているファーストスクエアビルのタワーがあるのですけど、西と東でNTT棟とファーウェイ棟に分かれているだけで同じビルに同居しています。

アメリカからスパイ企業と名指しされた企業がNTT本社の隣に入っていて、かなり交流が深まってきているのですよね、実のところは。

原口　グローバリズムの流れですね。マイナンバーもそうですが、国民を番号化して管理しようというグローバリズムと、それからそういう後ろから情報抜こうという奴とセットで攻撃してきているのだけど、それに防御するやつが自民党の中に1人もいない。1人もいないというと言いすぎで、2人ぐらいは闘っています。ただ、自民党全体のなかで2人ぐらいしかいないのはおかしいだろうと思います。

深田　その自民党自身が民主化しないと、この国はダメになってしまうと思うのですよね。

原口　民主化しないのではないかなと思いますよ。逆行して退化してきているので。こちらもそれに染まったのが何人かいるので、次の総選挙は丸ごとそれらを入れ替えるチャンスではないかなと思っているのですよね。

深田　そうですよね。もう自民党の嘘のレベルがだんだん下がってきていて、何でこんなにバカになってしまったのだろうと思って、騙すのだったら、もう少しマシなウソはなかったのかと思うくらい劣化しています。

原口　僕はね、もしかしたら、彼らは自分たちのウソが本当だと信じて、自分たち自身ウソに騙されながらやっているのじゃないかなと思いました。

深田　それはありますね。総務省の人たちとＮＴＴ法について議論したのですけれど、意外とリスクを分かってなくって、こっちがかなり説明をしました。そうすると向こうがキョトンとして、「そういう視点もあるとは思わず、勉強になりました」と言って帰っていきました。

総務省から優秀な人材が一掃された

原口　これは要するに、総務省のエースたちは菅元総理時代に、スキャンダルで干された結果ですよ。サイバー攻撃対策などを一番やっていた人間が、既に総務省の中にいないのですよ。サイバーセキュリティに精通した優秀な人間が抜けてしまった。僕が思うに、あれも狙い打ちされたのではないかと懸念しています。どう見ても、NTTの接待所のリークに見えませんか。リークされるなんておかしな話だし、あの時に本当は捕まえなきゃいけなかったのは農水省と癒着していた人物なのだけど、そこには政治家が入っていたから検察も遠慮したんです。逮捕されたケースは、政治家が入っていなかったものですよ。菅さんの息子さんだけで。片っぽは政治家が入っているから、恐ろしいから、この総務省をスケープゴートにしたのですね。そのツケが回ってきて、総務省が劣化している。早く、立て直さないといかんですね。

深田　立て直しが必要です。私も長年ＩＴ関係の記事を書いているのですが、日本のインフラがサイバー攻撃にさらされるリスクを危惧しています。アメリカだとサイバーインフラセキュリティ庁があるのですよね。だからその本来であればこの電気通信のインフラであるとか、電力のインフラ、水道ガスのインフラというのは国が全力を上げて守らなければいけない対象なのですよ。これが最大の国防なのですけれども、なぜか日本はそこに目が行かずに愚かなことばかりをやっているという現状に。

原口　ガラクタばかり買い込んでいるわけですね。昨日F－35が生産停止なるのではないかとアメリカから来たけど、オスプレイも生産停止でもうガラクタなのですよね。僕は総務大臣の頃、サイバーアタックに対するタスクフォースをアメリカと4本走らせていたのですよ。その後、瀕死の重症を負ってしばらく休んでいたので、どうなったと東京に戻って、国会に戻って聞いたら、いつの間にか立ち消えになります。いつの間にか立ち消えにしていいのかって。アメリカとニクター（Nicter web）と呼ばれる4本のサイバーアタック対策を走らせたのですが、あれを見るとどこからサイバー攻撃が来ているか、火を見るより明らかですよ。それが立ち消えになったんです。

NTT法廃止でNTTは中国に取られる

深田　実は日本政府はよくそのアメリカの傀儡とかアメリカ対米従属と言われているけれども肝心なところはアメリカの指示に従っていないのですよ。

原口　そこは欲をかいて別のところとも取引したりしますからね。

深田　そうなのですよ。だからこういうサイバーセキュリティやこの通信に関するところは、私の見た感じでは、かなり中国と握っていて、アメリカンスタンダードとはほど遠い。ということは、私たち実はアメリカと共に戦って中国から自分たちを守るとかできないですし、もうむしろ中国と一体化し始めているというところが一番の懸念なのですよね。

原口　しっかりとＮＴＴ問題も注視していきます。

深田　いや私も先生がちゃんとＮＴＴ問題を気にかけてくださっていて本当に助かります。ここは守り抜きましょう。

原口　昔からＮＴＴはボコボコにされてきました。生乳の上澄みであるクリーム部分だけ取るようなビジネス、いわゆるクリームスキミングされりしたかと思えば、逆に変なものに乗っ取られたりとかの繰り返しなのですよね。ＮＴＴこそすごい資産を持っている。

そんなすごいものを、こんな簡単な安い金で買えると言われたら、誰だって狙いに来ますからね。

深田　そうですよ。だって含み資産30兆円ある会社が時価総額15兆円、その3分の1の株式ですからたったの5兆円で経営権を握れるわけですよ。5兆円出せば、40兆円分の資産が手に入る。毎年1兆円のドコモの利益も付いてくるので、ボロ儲けです。

原口　しかも、研究所もむちゃくちゃ持っているし、三鷹だけで2000人じゃなかったかな研究員は。すごい資産ですよ。そんなの持てないですもん。ゼロから立ち上げようと思ったたって無理です。

深田　NTT側も国際競争力を強化したいから、そのNTT法を廃止したいとか嘘をつくなと思いましたよ。島田社長ね。だって34万人の従業員のうち15万人、もう外国人じゃないか。もう十分グローバル企業ですよ。

原口　あとは要するに経営戦略をちゃんとしときゃいいんですよ。経営戦略がちゃんとしていない人に限って、そうやって自分らを売り飛ばすのですよ。僕たちは、ＮＴＴをしっかりと守っていきましょう。

深田　ありがとうございました。

あとがき

未来を守るために

ＮＴＴ法廃止で携帯電話料金が跳ね上がる。

通信事業者たちが警告しているのは、まさにそのことだ。

国内独占企業の優越的地位を法で規制しているからこそ、私たちはＮＴＴも含めＫＤＤＩ、楽天、ソフトバンクなどいろいろな通信事業者らから手ごろな値段でサービスを受けることができる。それが法廃止となれば、ＮＴＴは自由に料金を吊り上げられるようになるわけである。それだけでなく、法による規制がなくなれば、ＮＴＴそのものが外資に売り渡されたり、通信インフラだけ外資に譲渡されたりするシナリオも十分にあるわけだ。通信インフラの利用料金が吊り上げられれば、単に携帯料金が高騰するだけでなく、ＮＴＴのインフラを利用している通信事業者は軒並み倒産に追い込まれるだろう。

ただし、それだけの商業的理由のみで緊急出版に挑むほど筆者も時間に余裕があるわけではない。国防上の問題に絡むからこそ筆を執《と》った。まさに時間との闘いで、土日返上で一日に十五、六時間仕事をする生活を六週間続けるという無謀なスケジュールに挑んだ。通信インフラを失うことは、銀行業務や送電、水道、鉄道などを含む社会生活全ての重要インフラに関わってくるだけでなく、国家安全保障上の問題でもある。ところが、一般的に通信とは「防衛とは関係ない話」だと認識されている。そういった一般の認識を覆すところから始めないと、この国は滅びてしまう。しかも、それが一部の政治家の私利私欲のために行われるのだから、看過できない。

それが執筆の動機だ。

国鉄民営化、郵政民営化のように、一握りの政治家の利権作りのために国民資産が玩具にされてはならない。歴史は繰り返すと言われているが、それを止めたいと願っている。

書籍一冊出版したところで何も変わらないと揶揄されることもある。しかし、一人の作家として、そういった嘲笑を否定し、「思いは人を変える」という立場を明確にしておく。作家は本を売っているのではない。読者の心に種を撒いている。何の疑いもなくニュースを聞き流してきた人たちの心に、違った角度からのモノの見方という種を撒いている。いままで知らされてこなかった「自分の権利が奪われる」という認識は、多くの人の心に残り、それは育ち、いずれかは「奪わせない」という行動へと繋がっていくだろう。

前著『光と影のＴＳＭＣ誘致』（かや書房）出版からほんの４カ月ほどが過ぎ、熊本はいま揺れている。熊本県民の間で、「自分たちの水は奪われるのではないか」、「環境対策はなされているのか」という疑念が持ち上がり、小さな記事ではあるが水問題について触れられるようになってきた。拙著が出版されるまでは、誰一人として巨大半導体工場誘致に懸念を抱かなかったが、別の側面からの視点を共有させていただいたことは確実に影響しているだろう。それほど、本の力は大きい。

思いという種は育つ。

そして、その思いは共有されていく。

自分の権利を絶対に諦めてはいけない。電話加入権という権利を皆さんは主張しなければならない。ＮＴＴの通信インフラは国民資産として別途管理することを要求しよう。そして、この国を守ろう。人は集まれば強くなれるということを覚えておいて欲しい。メルマガへの登録も再度お願いさせていただきたい。(https://mailchi.mp/fukadamoe-info/nttact)

最後に、本書を緊急出版したいと1月末ごろにお願いしたにもかかわらず、快く引き受けてくださったかや書房の岩尾社長に心からの御礼を申し上げる。締切日前々日に筆者が熱に倒れ、出版に間に合わないかもしれないという時も、根気強く支えてくださった。本書は、徹夜で校正からレイアウト作業にあたってくれた社長の力がなければ、決して世に出ることはなかっただろう。

この国を支えているのはエリートではなく、勤勉な国民たちの存在だ。

令和六年　二月二十四日

深田萌絵

深田萌絵（ふかだ・もえ）

ＩＴビジネスアナリスト。Revatron株式会社代表取締役社長。早稲田大学政治経済学部卒。学生時代にファンドで財務分析のインターン、リサーチハウスの株式アナリスト、外資投資銀行勤務の後にリーマンショックで倒産危機に見舞われた企業の民事再生業務に携わった。現在はコンピュータ設計、チップ・ソリューション、ＡＩ高速処理設計を国内の大手企業に提供している。著書に『米中ＡＩ戦争の真実』（育鵬社）、『ソーシャルメディアと経済戦争』（扶桑社新書）、『量子コンピュータの衝撃』『メタバースがＧＡＦＡ帝国の世界支配を破壊する！』（宝島社）、『光と影のＴＳＭＣ誘致』（かや書房）がある。You Tube「深田萌絵ＴＶ」更新中！　感想、お問い合わせは、moe.fukada@yahoo.comまで。

NTT法廃止で日本は滅ぶ

2024年3月25日　第1刷発行
2024年5月30日　第2刷発行

著　者　　深田 萌絵

発行人　　岩尾悟志
発行所　　株式会社かや書房
〒162-0805
東京都新宿区矢来町113　神楽坂升本ビル３Ｆ
電話　03-5225-3732（営業部）

印刷・製本　　中央精版印刷株式会社

ISBN 978-4-910364-46-9　C0031